高等职业教育铁道运输类新形态一体化系列教材

# 移动通信基站建设工程

李筱楠　韩朵朵◎主　编
刘　洋　许爱雪◎副主编
李　磊◎主　审

中国铁道出版社有限公司

2024年·北　京

## 内容简介

本书为高等职业教育铁道运输类新形态一体化系列教材之一。全书注重理论联系实际，强化教学和训练过程的实用性和可操作性，重点突出职业岗位对从业人员知识结构和职业能力的要求，对接基站实际建设流程，选取了5个典型的项目，分别是移动通信基站工程概述、移动通信系统及基站设备认知、基站工程勘察与绘图、基站通信设备安装和基站配套设备建设。

本书为高等职业院校铁道通信与信息化技术专业教材，也可作为通信领域成人继续教育或现场工程技术人员的培训教材或参考资料使用。

**图书在版编目(CIP)数据**

移动通信基站建设工程/李筱楠，韩朵朵主编．—北京：中国铁道出版社有限公司，2024．2
高等职业教育铁道运输类新形态一体化系列教材
ISBN 978-7-113-30645-8

Ⅰ.①移… Ⅱ.①李… ②韩… Ⅲ.①移动通信-通信设备-高等职业教育-教材 Ⅳ.①TN929．5

中国国家版本馆CIP数据核字(2023)第202818号

**书　　名**：**移动通信基站建设工程**
**作　　者**：李筱楠　韩朵朵

---

**策　　划**：陈美玲
**责任编辑**：刘　静　　**编辑部电话**：(010)51873173　　**电子邮箱**：3139581@qq．com
**编辑助理**：石华琨
**封面设计**：刘　莎
**责任校对**：安海燕
**责任印制**：高春晓

---

**出版发行**：中国铁道出版社有限公司(100054，北京市西城区右安门西街8号)
**网　　址**：http://www．tdpress．com
**印　　刷**：北京市泰锐印刷有限责任公司
**版　　次**：2024年2月第1版　2024年2月第1次印刷
**开　　本**：787 mm×1 092 mm　1/16　**印张**：9．75　**字数**：237千
**书　　号**：ISBN 978-7-113-30645-8
**定　　价**：33．00元

---

# 前 言

随着移动通信技术的发展和第五代移动通信系统在我国商用建设的推进，熟悉新一代移动通信技术、基站工程的高技能通信人才就显得尤为重要。

本书以推进网络强国、建设新一代国家网络基础设施为宗旨，注重理论联系实际，强化教学和训练过程的实用性和可操作性，重点突出职业岗位对从业人员知识结构和职业能力的要求，在对接基站实际建设流程的基础上，采用了基于项目的任务驱动式教学方法，选取了基站勘察、设计绘图、设备安装等多个典型项目，进而将全书分为了10个工作任务。

全书共包括5个典型的项目，分别是移动通信基站工程概述、移动通信系统及基站设备认知、基站工程勘察与绘图、基站通信设备安装和基站配套设备建设。

本书由石家庄铁路职业技术学院团队编写完成，李筱楠、韩朵朵任主编，刘洋、许爱雪任副主编，中国电信集团有限公司石家庄分公司李磊任主审。其中，项目1和项目2由李筱楠、韩朵朵编写；项目3由张庆彬、刘洋编写；项目4由许爱雪、赵丽君编写；项目5由高洁、郑华、刘丽娜、齐会娟编写。

本书在编写过程中，得到了深圳市艾优威科技有限公司同仁的大力支持与指导，参考了大量的文献和资料，在此谨向所有同仁、文献和资料的作者表示诚挚的谢意。

由于编者水平有限，书中难免存在疏漏和不当之处，恳请广大读者批评指正。

编者

2023年11月

# 目 录

# 项目1 移动通信基站工程概述

## 项目导图

- 移动通信基站工程概述
  - 任务1 移动通信网络概述
    - 【知识链接1】移动通信演进概述
    - 【知识链接2】移动通信网的结构
    - 【技能实训】移动通信行业人才需求分析
  - 任务2 基站工程基础
    - 【知识链接1】基站类型和配置
    - 【知识链接2】基站整体结构
    - 【知识链接3】基站建设基本流程
    - 【技能实训】5G移动网络规划资料收集

## 学习目标

**【素养目标】**

1. 初步具备基站建设方面的职业能力,激发行业认同感和荣誉感。
2. 培养良好的语言表达、沟通协调能力,初步具备职业规划能力。
3. 培养良好的职业道德与习惯,增强团队意识。

**【知识目标】**

1. 掌握移动通信的演进过程及移动网络结构。
2. 掌握基站类型及扇区配置方式。
3. 掌握基站的整体结构。
4. 熟悉基站建设基本流程。

**【能力目标】**

1. 能够使用 Internet 进行资料收集,分析并撰写报告。
2. 能够模拟第三方公司和运营商进行沟通。

# 任务1　移动通信网络概述

## 【任务引入】

过去的几十年里，移动通信飞速发展，每一代移动通信技术的变革都深深影响着我们的生活。为了理解如今庞大而复杂的移动通信系统，我们通过本任务来认识它的演进过程和网络结构。

## 【任务单】

<table>
<tr><th>任务名称</th><th>移动通信网络概述</th><th>建议课时</th><th>2</th></tr>
<tr><td colspan="4">任务内容：<br>1. 了解移动通信演进过程。<br>2. 掌握移动通信的概念及移动网络系统组成等基础知识。<br>3. 进行行业人才需求资料收集和报告撰写</td></tr>
<tr><td colspan="4">任务设计：<br>1. 结合生活实际讨论移动通信演进史及对生活产生的影响。<br>2. 结合动画视频讨论移动通信的概念及移动网络系统组成。<br>3. 技能实训：通过 Internet 进行行业人才需求资料收集和归纳</td></tr>
<tr><td>建议学习方法</td><td>老师讲解、分组讨论</td><td>学习地点</td><td>实训室</td></tr>
</table>

## 【知识链接1】　移动通信演进概述

扫一扫

1.1.1　移动通信的发展历史

**1. 第一代移动通信系统(1G)**

1G 出现于 20 世纪 80 年代左右，是最早的仅限语音业务的蜂窝电话标准，使用的是模拟通信系统。马丁·库珀于 1976 年首先将无线电应用于移动电话，同年，国际无线电大会批准了 800 MHz/900 MHz 频段用于移动电话的频率分配方案。在此之后一直到 20 世纪 80 年代中期，许多国家都开始建设基于频分复用技术(Frequency Division Multiplexing，FDM)和模拟调制技术的第一代移动通信系统。1G 的主要技术有先进移动电话系统(Advanced Mobile Phone System，AMPS)、NMT-450 移动通信网、C 网络(C-Netz)，以及全接入通信系统(Total Access Communications System，TACS)。

**2. 第二代移动通信系统(2G)**

2G 出现于 20 世纪 90 年代早期，以数字语音传输技术为核心。虽然其目标服务仍然是语音，但是数字传输技术使得 2G 系统也能提供有限的数据服务。2G 技术基本可以分为两种：一种是基于时分多址技术(Time Division Multiple Access，TDMA)所发展出来的，以 GSM 为代表，另一种是基于码分多址技术(Code Division Multiple Access，CDMA)的 IS-95 技术。随着时间的推移，GSM 从欧洲扩展到全球，并逐渐成为第二代技术中的绝对主导。尽管目前第五代技术已经问世，但是在世界上许多地方 GSM 仍然起着主要作用。

**3. 第三代移动通信系统(3G)**

3G 出现于 2000 年初期，是支持高速数据传输的蜂窝移动通信技术。3G 采用码分多址技术，现已基本形成了三大主流技术，包括：WCDMA、CDMA2000 和 TD-SCDMA。WCDMA 是基于 GSM 发展出来的 3G 技术规范，是由欧洲提出的宽带 CDMA 技术，已是当前世界上采用的国家及地区最广泛的、终端种类最丰富的一种 3G 标准。CDMA2000 是由 CDMA IS-95 技术发展而来的宽带 CDMA 技术，由高通公司为主导提出。TD-SCDMA 是第一个由中国主导提出的无线通信国际标准，这是中国电信史上重要的里程碑。

**4. 第四代移动通信系统**(4G)

2012 年 1 月 18 日，LTE-Advanced 和 Wireless MAN-Advanced(802.16 m)技术规范通过了 ITU-R 的审议，正式被确立为 IMT-Advanced(也称 4G)国际标准。长期演进(Long Term Evolution，LTE)技术使用了正交频分复用(Orthogonal Frequency Division Multiplexing，OFDM)和多输入多输出(Multi-Input & Multi-Output，MIMO)等关键传输技术，能充分提高频谱效率和系统容量。LTE 系统又分为 LTE-FDD 和 LTE-TDD 两种制式，其最大的区别在于上下行通道分离的双工方式，LTE-FDD 上下行采用频分方式，LTE-TDD 则采用时分方式，除此之外，二者采用了基本一致的技术。国际上大部分运营商部署的是 LTE-FDD，LTE-TDD 则主要部署于中国及全球少数的运营商网络中，其中 LTE-TDD 在国内称为 TD-LTE。

**5. 第五代移动通信系统**(5G)

虽然 4G 已经使用了非常先进的技术，但是人类的需求总是不断在提高的，因此人们从 2012 年开始讨论新一代无线通信系统——5G。5G 带来的最大变化就是不仅要实现人与人之间的通信，更要实现人与物、物与物之间的通信，最终实现万物互联。

(1)5G 应用场景

在 5G 飞速发展的热潮之下，相关互联网产业与制造业等迎来了新的发展机遇。工业 4.0 的时代也加速到来，“机器通信”“无人驾驶”“VR/AR”“远程医疗”和“智慧工厂”正逐渐深入千家万户。面对未来丰富的应用场景，5G 需要应对差异化的挑战，即不同的场景、不同用户的不同需求。通过精细化场景划分、通过不同切片编排，使得 5G 网络性能实现了差异化网络资源的最大化利用。国际电信联盟(International Telecommunication Union，ITU)在召开的 ITU-RWP5D 第 22 次会议上确定了 5G 应具有三大主要应用场景：增强型移动宽带(enhanced Mobile Broad Band，eMBB)、超高可靠低时延通信(ultra Reliable & Low Latency Communication，uRLLC)和大规模机器类通信(massive Machine Type Communication，mMTC)。前者主要聚焦移动通信，后两者则侧重于物联网。

ITU 对应用场景与典型业务的具体划分如图 1.1.1 所示。

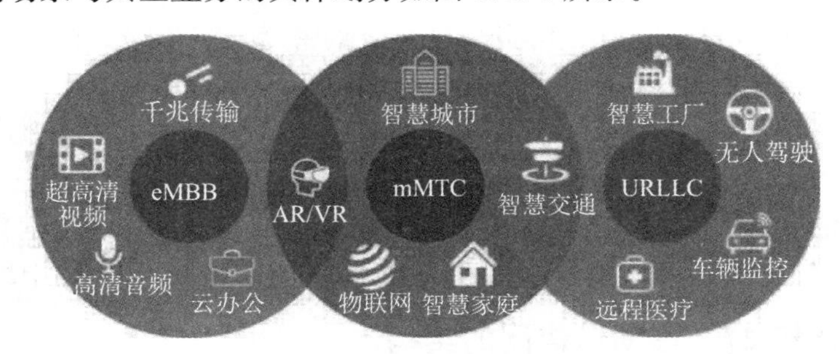


图 1.1.1　ITU 对应用场景与典型业务的具体划分

eMBB 可以看成是 4G 移动宽带业务的演进，它支持更大的数据流量和进一步增强的用户体验，主要目标是为用户提供 100 Mbit/s 以上的速率体验，在局部热点区域提供超过数十 Gbit/s 的峰值速率。eMBB 不仅可以提供 LTE 现有的语音和数据服务，还可以实现诸如高清视频、AR/VR、云办公和游戏等应用，提升用户体验。在技术上，引入了 Massive MIMO、毫米波等技术，且增加了工作带宽。

uRLLC 要求非常低的时延和极高的可靠性，在时延方面要求空口达到 1 ms 量级，在可靠性方面要求高达 99.999%。这类场景主要包括无人驾驶、远程医疗、智慧工厂等。在技术上，需要采用灵活的帧结构、符号级调度、高优先级资源抢占等。

mMTC 指的是支持海量终端的场景，其特点是低功耗、大连接、低成本等，主要应用包括智慧城市、智能家庭、指挥交通等，需要引入新的多址接入技术，优化信令流程和业务流程。

(2)5G 关键性能

①移动性。移动性是历代移动通信系统重要的性能指标，指在满足一定系统性能的前提下，通信双方的最大相对移动速度。5G 移动通信系统需要支持飞机、高速铁路等超高速移动场景，同时也需要支持数据采集、工业控制、低速移动或非移动场景。因此，5G 移动通信系统的设计需要支持更广泛的移动性。

②时延。时延采用单向时延(One-way Transmit Time，OTT)或往返时延(Round-Trip Time，RTT)来衡量，前者是指发送端到接收端接收数据之间的间隔，后者是指发送端从发送数据到发送端收到来自接收端的确认之间的时间间隔。在 4G 时代，网络架构扁平化设计大大提升了系统时延性能。在 5G 时代，车辆通信、工业控制、增强现实等业务应用场景，对时延提出了更高的要求，最低空口时延要求达到了 1 ms，在网络架构设计中，时延与网络拓扑结构、网络负荷、业务模型、传输资源等因素密切相关。

③用户感知速率。用户感知速率是指单位时间内用户获得 MAC 层用户面数据传送量。5G 时代将构建以用户为中心的移动生态信息系统，首次将用户感知速率作为网络性能指标。实际网络应用中，用户感知速率受到众多因素的影响，包括网络覆盖环境、网络负荷、用户规模和分布范围、用户位置、业务应用等，一般采用期望平均值和统计方法进行评估分析。

④峰值速率。峰值速率是指用户可以获得的最大业务速率。相比 4G 网络，5G 移动通信系统将进一步提升峰值速率，可以达到数十 Gbit/s。

⑤连接数密度。连接数密度是指单位面积内可支持的在线设备总和，是衡量 5G 移动网络对海量规模终端设备的支持能力的重要指标，一般每平方千米不低于十万个终端设备。在 5G 时代存在大量物联网应用需求，网络要求具备超千亿设备连接能力。

⑥流量密度。流量密度是单位面积内的总流量数，是衡量移动网络在一定区域范围内数据传输的能力。在 5G 时代，需要支持一定局部区域的超高数据传输，网络架构应支持每平方千米能提供数十 Tbit/s 的流量。在实际网络中，流量密度与多个因素相关，包括网络拓扑结构、用户分布、业务模型等。

⑦能源效率。能源效率是指每消耗单位能量可以传送的数据量。在移动通信系统中，能源消耗主要指基站和移动终端的发送功率，以及整个移动通信系统设备所消耗的功率。在 5G 移动通信系统架构设计中，为了降低功率消耗，采取了一系列新型的接入技术，如低功率基站、D2D 技术、流量均衡技术、移动中继技术等。

扫一扫

1.1.2 移动通信的基本概念及系统组成

## 【知识链接 2】 移动通信网的结构

### 1. 移动通信概念

利用“电”来传递消息的通信方式称为电通信，电通信一般可分为两大类：有线电通信和无线电通信。其中，无线电通信是指利用电磁波的辐射和传播，经过空间传送信息的通信方式，简称无线通信。

移动通信属于无线通信，是指一方或双方可以在移动中进行的通信过程。在无线通信概念的基础上强调通信双方至少有一方具有可移动性。例如，固定点与移动体（汽车、轮船、飞机）之间、移动体与移动体之间的通信，都属于移动通信。

由于移动通信几乎集中了有线和无线通信的最新技术成就，故其所能交换的信息，已不仅限于话音，一些非话音服务（如数据、图像、视频等）也纳入了移动通信的服务范围。同时，除了作为公用通信外，作为专业通信移动通信也已普遍应用于社会的各个领域，无论是交通运输、商业金融、新闻报道、公共安全等，各行各业都因为移动通信所带来的高效率而获益匪浅。它是使用户能随时随地进行多种信息交换的一种理想通信形式，因此，移动通信、卫星通信和光纤通信一起被列为现代通信领域的三大新兴的通信技术手段。

**2. 移动通信网的组成**

图1.1.2是一个简化版的移动通信网架构图，分为无线接入网、承载网及核心网三部分。无线接入网、承载网、核心网相互协作，最终构成了移动通信网。

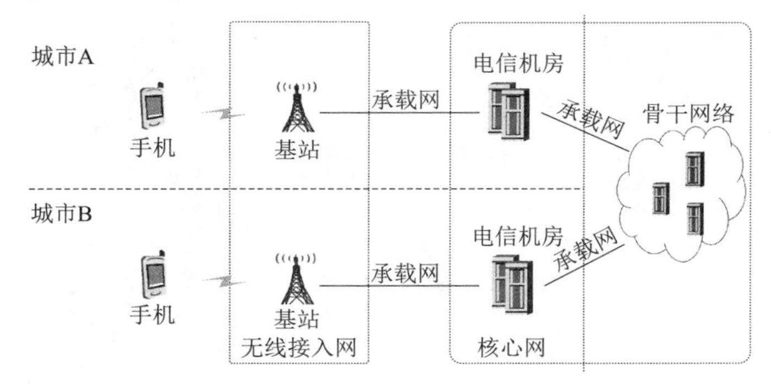


图1.1.2　移动通信网架构图

（1）无线接入网

无线接入网（Radio Access Network，RAN）负责将无线信号接入移动通信网络。例如，我们的手机，如果想要打电话，必须接入运营商的通信网络之中。把手机终端联接起来的这一级网络设备，就叫作接入网设备。基站就属于接入网设备中最常见的一种，如图1.1.3所示。

扫一扫

1.1.3　移动通信无线接入网

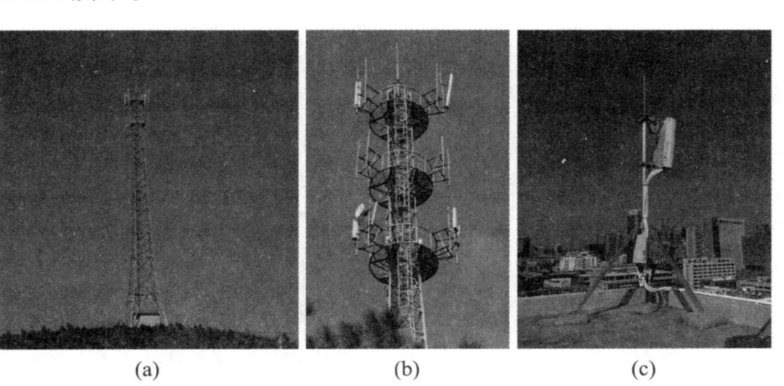

(a)　(b)　(c)

图1.1.3　基站

基站即公用移动通信基站，是无线电台站的一种形式，是指在一定的无线电覆盖区域中，通过移动通信交换中心，与移动电话终端之间进行信息传递的无线电收发信电台。

扫一扫

1.1.4 移动通信承载网

(2)承载网

当基站完成和手机的联接之后就需要打通基站和中心机房之间的联接,这个负责承载数据、汇聚数据的网络,就是承载网。如果说接入网是通信网络的“四肢”,那么,承载网就是通信网络的“动脉”,负责传递信息和指令。承载网非常重要,是基础资源,必须先于无线网部署到位。

我国人口众多,运营商的承载网会比较复杂,但无论多么复杂,承载网逻辑上都可以分为四层:接入层、汇聚层、核心层和骨干层,如图 1.1.4 所示,它们分别位于不同的行政层级(例如骨干层通常在省会)。

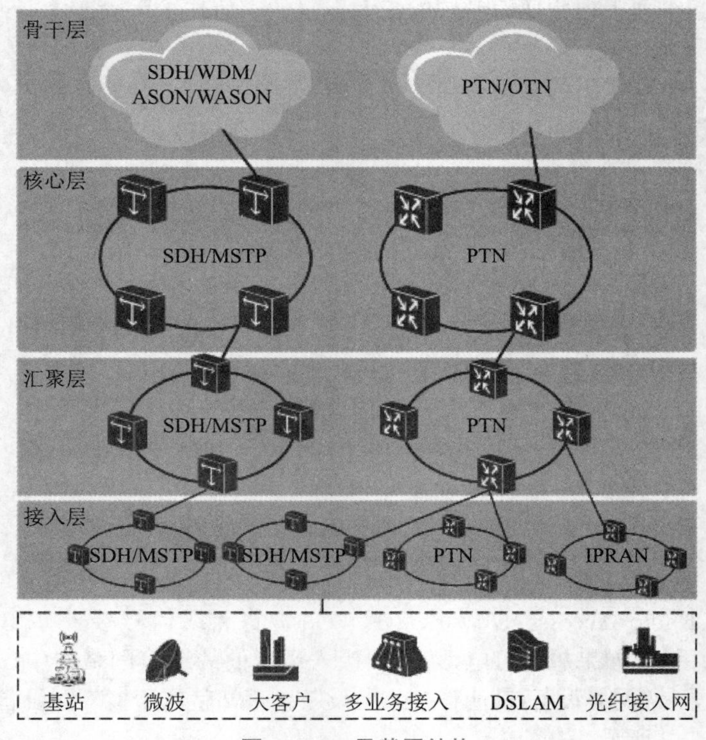


图 1.1.4 承载网结构

承载网主要是传输数据。以前基本使用电缆,后来因为数据上网业务的激增,流量变得很大,所以,开始使用网线、光纤进行传输。光纤因其具有低成本(相对电缆来说)和高速率等优点,现已成为通信网络不可或缺的组成部分,如图 1.1.5 所示。光纤的传输能力,目前也已经达到 PB 级(1 PB/s=1 024 TB/s)。如今的承载网,简单说是由大量的光纤和光纤设备构成的,最有代表性的承载网设备,有分组传送网(Packet Transport Network,PTN)和光传送网(Optical Transport Network,OTN)。

图 1.1.5 光纤

扫一扫

1.1.5 移动通信核心网

(3)核心网

核心网是通信网络最核心的部分,是移动通信网络的“大脑”,它对整个网络进行管理和控制,负责管理数据,并对数据进行分拣,而对数据的处理和分发,其实就是“路由交换”，这是核心网的本质。作为移动通信网络的最顶层，核心网完成数据的路由和交换，最终实现了手机用户和互联网的通道建立。通道建立之后，手机用户就可以访问互联网上的数据中心，也就是运营商的服务器，从而使用运营商提供的业务和服务。

## 【技能实训】移动通信行业人才需求分析

### 1. 实训内容

移动通信行业的变化日新月异，每年都有大量的新技术出现，对人才素质也有新的要求。为了加深我们对移动通信行业的认知，本次实训要求利用 Internet 网络收集资料撰写移动通信行业人才需求报告，帮助我们对自己的职业发展有更清晰地规划。

### 2. 实训环境及设备

具有 Internet 网络连接的计算机一台。

### 3. 实训步骤及注意事项

(1)通过 Internet 网络了解移动通信行业发展现状及对通信专业人才的需求情况。

(2)搜集移动通信相关岗位的工作内容和任职要求。

(3)通过前面的调查，对资料进行整理，形成报告。

(4)结合搜集到的信息，进行初步职业规划并分享。

## 【任务评价】

<table>
<tr><td>项目名称</td><td colspan="2"></td><td>任务名称</td><td></td></tr>
<tr><td>小组成员</td><td colspan="2"></td><td>综合评分</td><td></td></tr>
<tr><td rowspan="19">学生自评</td><td colspan="4">理论任务完成情况</td></tr>
<tr><td>序号</td><td>知识考核点</td><td>自评意见</td><td>自评结果</td></tr>
<tr><td>1</td><td>移动通信的演进史</td><td></td><td></td></tr>
<tr><td>2</td><td>移动通信网的结构</td><td></td><td></td></tr>
<tr><td colspan="4">训练任务完成情况</td></tr>
<tr><td>项目</td><td>内　容</td><td>评价标准</td><td>自评结果</td></tr>
<tr><td rowspan="2">训练准备</td><td>设备及备品</td><td>机具材料选择正确</td><td></td></tr>
<tr><td>人员组织</td><td>人员到位，分工明确</td><td></td></tr>
<tr><td rowspan="2">训练方法</td><td>训练方法及步骤</td><td>训练方法及步骤正确</td><td></td></tr>
<tr><td>操作过程</td><td>操作熟练</td><td></td></tr>
<tr><td rowspan="2">实训态度</td><td>参加实训操作积极性</td><td>积极参加实训操作</td><td></td></tr>
<tr><td>纪律遵守情况</td><td>严格遵守纪律</td><td></td></tr>
<tr><td rowspan="3">质量考核</td><td>移动通信行业发展及人才需求调研</td><td>搜集途径正确有效，资料收集全面翔实</td><td></td></tr>
<tr><td>移动通信行业人才需求报告撰写</td><td>形成文档，内容全面，格式正确</td><td></td></tr>
<tr><td>职业规划</td><td>积极可行，具有可持续发展性</td><td></td></tr>
<tr><td rowspan="2">安全考核</td><td>安全操作</td><td>正确设置防护，符合安全操作规程</td><td></td></tr>
<tr><td>考核训练后现场整理</td><td>机具材料复位，现场整洁</td><td></td></tr>
<tr><td colspan="4">（根据个人实际情况选择：A. 能够完成；B. 基本能完成；C. 不能完成）</td></tr>
<tr><td colspan="4"></td></tr>
<tr><td>学习小组评价</td><td colspan="4">团队合作□ 学习效率□ 获取信息能力□ 交流沟通能力□ 动手操作能力□<br>（根据完成任务情况填写：A. 优秀；B. 良好；C. 合格；D. 有待改进）</td></tr>
<tr><td>老师评价</td><td colspan="4"></td></tr>
</table>

# 任务2　基站工程基础

## 【任务引入】

在移动通信系统架构中,基站是数量最多的一环,负责提供无线覆盖,实现有线通信网络与无线终端之间的无线信号传输。基站质量直接决定了移动通信网络的信号服务质量。本任务介绍基站的整体结构及基站建设流程。

## 【任务单】

| 任务名称 | 基站工程基础 | 建议课时 | 2 |
|---|---|---|---|
| 任务内容:<br>1. 掌握移动通信基站类型和基站整体结构等基础知识。<br>2. 掌握基站建设基本流程。<br>3. 进行网络规划资料收集和归纳 | | | |
| 任务设计:<br>1. 课下搜集身边可见的基站照片,通过老师的引导探索基站类型及结构。<br>2. 学习、讨论并总结基站建设基本流程。<br>3. 情景模拟第三方公司和运营商进行沟通。<br>4. 技能实训:分组,并通过 Internet 进行本地网络规划资料收集和归纳 | | | |
| 建议学习方法 | 老师讲解、分组讨论 | 学习地点 | 实训室 |

## 【知识链接1】　基站类型和配置

### 1. 基站类型

在移动网络规划设计过程中,由于实际环境非常复杂,需要应用各种基站进行组网,充分利用不同产品的优势,使网络性能最大程度满足用户的需要。可以采用的基站包括宏基站、微基站和直放站等,如图1.2.1所示。

(a) 宏基站

(b) 微基站

(c) 直放站

图1.2.1　基站类型

(1)宏基站

宏基站如图1.2.1(a)所示,主要应用于大面积覆盖,一般可达35 km,是目前的主力站型,其优点是覆盖范围大、容量大、可靠性较好;缺点是需要建设大型铁塔、塔下需配建机房、建设费用高、不易搬迁、灵活性较差。宏基站广泛应用于城市高业务量区域的覆盖和话务吸收,以及郊区、农村的广域低成本覆盖。

(2)微基站

微基站如图1.2.1(b)所示,其覆盖范围较小,一般1～2 km,可以看成是微型化的基站,将所有的设备集成在一个比较小的机箱内,其优点是体积小、不需要机房、安装方便。微基站可以就近安装在天线附近,线缆传输损耗小,与宏基站一样可以提供容量,但因其体积有限、可安装的信道板数量有限、能提供的容量较小,多用于城市楼宇中或密集区信号覆盖。

(3)直放站

直放站如图1.2.1(c)所示,是一种无线信号中继产品,对基站发出的射频信号根据需要放大、转发,在室内分布系统中更多地用作信号源。直放站本身不提供容量,其最大优点是成本低廉,但也有会给施主基站引入干扰、影响网络的性能指标、网管功能和设备检测功能较弱的缺点。直放站作为一种有效的网络补充覆盖产品,可以解决局部复杂地形阻挡区域的覆盖问题,包括覆盖不好且容量要求比较小的区域、容量要求比较小的广域覆盖或不方便安装基站的场景,如地下室、偏远村庄、道路等。

**2. 扇区配置**

扇区是物理概念,表示一根天线波瓣的覆盖范围。

(1)扇区配置

①S1/1/1表示某个站点的频点和扇区的配置情况。

S代表定向站,S1/1/1代表3个扇区、每个扇区配置1载频;S3/3/3代表3个扇区、每个扇区配置3载频。

②O代表全向站

O1就代表是一个全向1载频配置的基站。O1～O3为包含1～3载频的全向站。

(2)常用基站扇区配置

常用基站扇区配置见表1.2.1。

**表1.2.1　常用基站扇区配置**

| 基站扇区配置 | 适用原则 | 典型使用区 |
| --- | --- | --- |
| 全向站 | 主要解决信号覆盖问题,适用于较为平坦、话务量较低的区域 | 农村地区 |
| 单扇区/两扇区 | 主要解决信号覆盖问题,适用于有明确覆盖需求或话务量集中的区域 | 高速公路、室内覆盖(地下停车场等) |
| 三扇区 | 主要承载话务,同时解决信号覆盖问题,适用于话务量比较集中的区域 | 一般城区、密集城区、郊区等 |

**3. 室内分布系统**

近年来随着通信技术的演进及用户行为习惯的变化,移动数据业务呈现指数级增长,目前室内区域产生的移动网络流量在整个网络中占70%以上。建筑物对无线网络信号有很强的屏蔽作用,在大型建筑物的内部、地下层等环境下,形成了移动通信的弱区和盲区,另外,在有些建筑物内,虽然无线网络信号覆盖正常,但是用户密度大,网络拥塞严重,影响用户感知。基于以上原因,室外基站信号服务无法满足室内用户的需求。为了解决这些问题,提出了室内分布系统。

室内分布系统,简称室分。传统室如图1.2.2所示,它将宏基站、微基站和直放站等的射频输出信号作为信号源引入到需要覆盖的室内环境，再利用室内天线发出的信号来提高室内覆盖性能。传统室分本身不能提供容量。

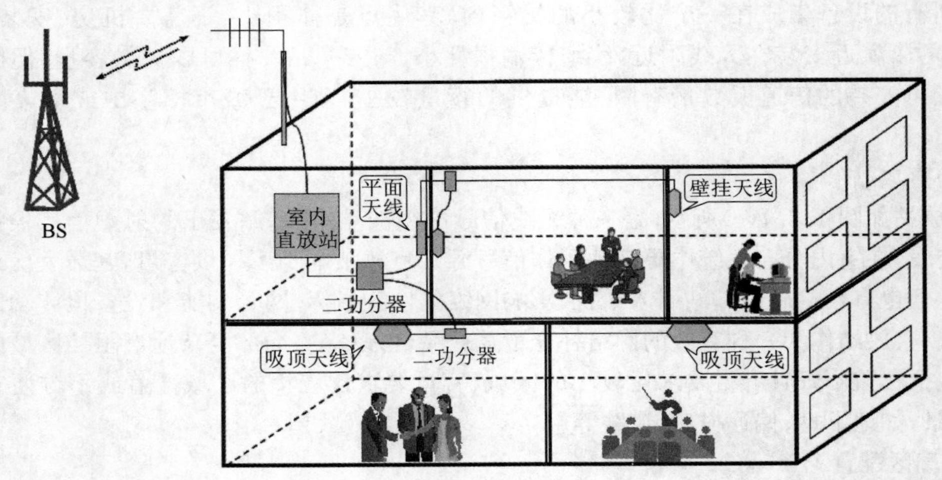


图 1.2.2 传统室分

目前传统室分存在一个很大的问题，它使用了大量的无源器件，而这些无源器件存在很大的限制，如频率不支持很多频段、输出功率有限、峰值速率较低等，在 LTE 系统中还可以勉强适应，而在 5G 系统中适应性较差，并且不支持很多 5G 新技术。为此，提出新的室分方案——数字化室分。

数字化室分与传统室分不同，如图 1.2.3 所示，数字化室分采用基带处理单元（Building Base band Unit，BBU）＋射频拉远单元集线器（Remote Radio Unit Hub，RHUB）＋小型射频拉远单元（picro-Remote Radio Unit，pRRU），通过网线和光纤部署实现对建筑物的覆盖。数字化室分相对于传统室分有明显的优势：支持 MIMO，提供更高的容量；支持灵活分裂小区，可以进一步提升网络容量；采用光纤和网线部署，工程相对容易；系统末端可监控。5G 的室内覆盖采用数字化室分无疑是最合理的解决方案。

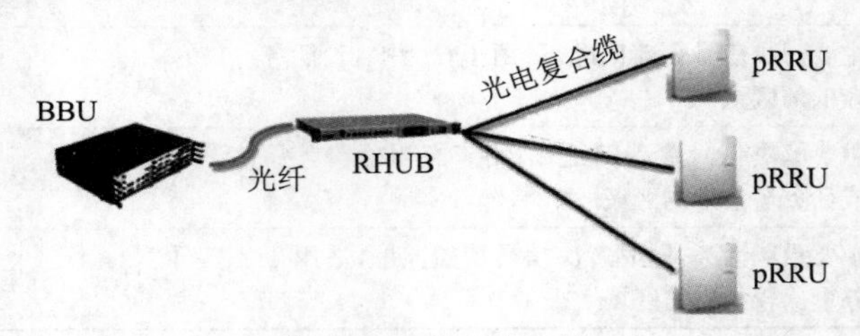


图 1.2.3 数字化室分

## 【知识链接 2】 基站整体结构

基站在 2G 网络中称为基站收发信台（BTS）；在 3G 网络中称为 Node B；在 LTE 中称为演进型 Node B（eNode B）；在 5G 网络中称为下一代 Node B（gNode B）。基站结构如图 1.2.4 所示，一个完整的基站一般包括通信机房、塔桅、电源及防护系统、传输系统、通信主设备及天馈系统等构成。

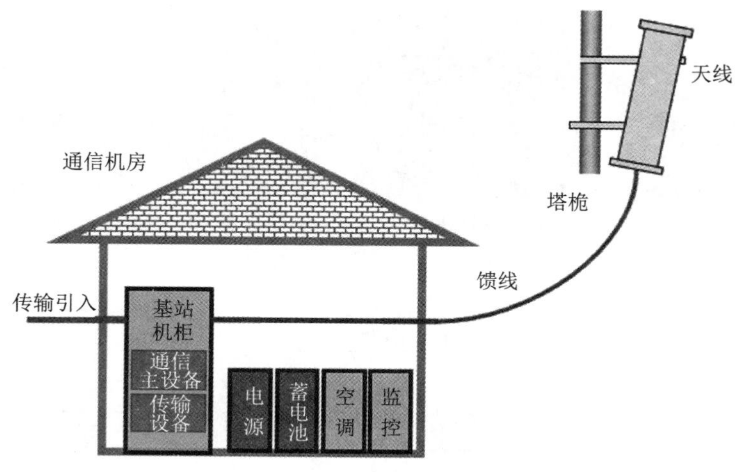


图1.2.4　基站结构

**1. 通信机房**

通信机房主要指在站点内安装有通信设备和其他辅助设施或者光缆成端的房间，如图1.2.5所示。通信机房中主要安装通信主设备、传输设备等，为了保证这些通信设备的正常运行，还会安装电源、交流配电箱、蓄电池和发电机组等动力系统。同时，机房中还会安装走线架、照明系统等配套设施。此外，为了确保通信机房的安全运行，机房中还会安装安保防护系统，如门禁系统、防火装置和动力环境集中监控系统（以下简称“动环系统”）等。

(a) 室外机房　　(b) 室内机房

图1.2.5　通信机房

目前，常见的通信机房按习惯主要分为四种类型，如图1.2.6所示。

(1)地面新建的移动通信基站专用机房（框架机房、砖混机房、彩钢板机房），如图1.2.6(a)所示。

(2)利用民用房屋（住宅、宾馆、办公楼、厂房、仓库等）改造的基站机房，如图1.2.6(b)所示。

(3)在现有建筑物屋面搭建的简易机房（集成舱机房），如图1.2.6(c)所示。

(4)一体化机柜，如图1.2.6(d)所示。

**2. 塔桅**

塔桅是通信基站的重要组成部分，是天线安装的重要平台，也是信号能远距离传播的重要保障。塔桅按目前的使用情况，主要分为四类：普通地面塔、美化塔、楼顶塔与美化天线，如图1.2.7所示。

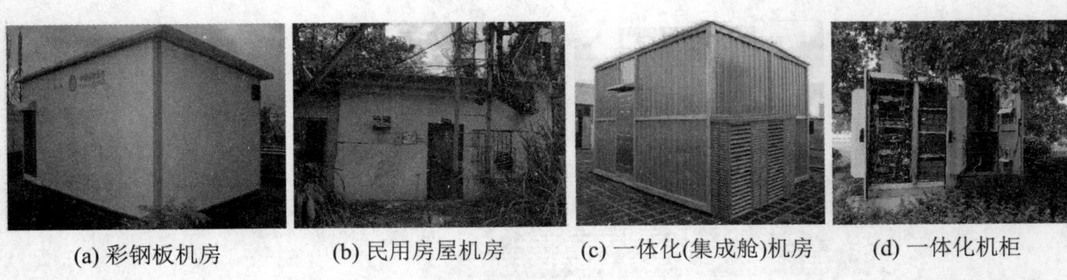

(a) 彩钢板机房　(b) 民用房屋机房　(c) 一体化(集成舱)机房　(d) 一体化机柜

图 1.2.6　常见机房类型

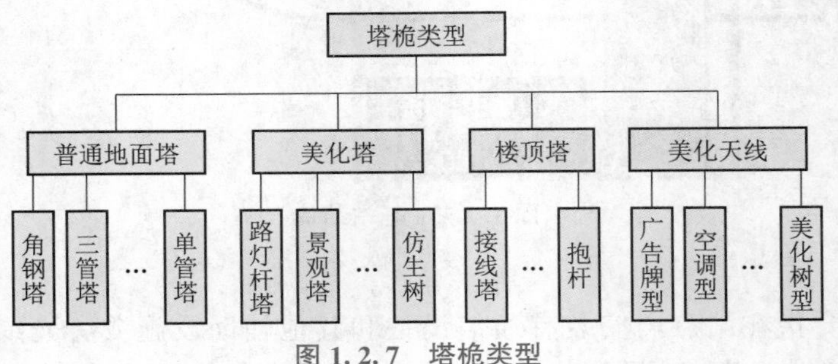


图 1.2.7　塔桅类型

(1)普通地面塔

普通地面塔包含角钢塔、三管塔、单管塔、拉线塔等，如图 1.2.8 所示，此类塔桅的优点是构造简单、结构安全可靠、运输安装方便；缺点是用钢量大、占地面积大，适用于城市郊区、县城、乡镇、田野、丘陵、山区等对景观要求低、易于征地的区域。

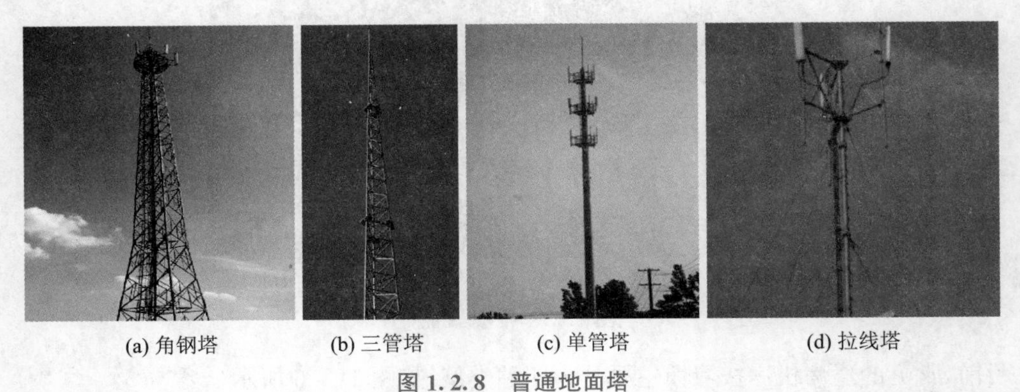

(a) 角钢塔　(b) 三管塔　(c) 单管塔　(d) 拉线塔

图 1.2.8　普通地面塔

(2)美化塔

美化塔包含路灯杆塔、景观塔、仿生树等，如图 1.2.9 所示，此类塔桅的优点是能与周围环境协调呈现、造型美观、占地面积小；缺点是加工精度要求高、运输安全要求高、可靠度较低，适用于城市市区、体育场馆、公园等拟建场地面积较小、对景观要求较高的区域。

(3)楼顶塔

楼顶塔设置在既有建筑屋面上，包含楼顶抱杆、楼顶增高架、支撑杆、楼顶拉线塔等，如图 1.2.10 所示，此类铁塔的优点是安装方便、占用空间小；缺点是对房屋要求高、需与楼面结构相连接、可靠度较低，适用于县城、乡镇、工业园区等屋面租用基站，以及偏远郊区、农村等对景观要求低的区域。

(a) 路灯杆塔

(b) 景观塔

(c) 仿生树

图 1.2.9　美化塔

(a) 楼顶抱杆

(b) 楼顶增高架

(c) 支撑杆

(d) 楼顶拉线塔

图 1.2.10　楼顶塔

(4)美化天线

美化天线也称“伪装天线”,即在不增大传播损耗的情况下,通过各种手段对天线的外表进行伪装、修饰,以达到美化的目的。它既美化了城市的视觉环境,也减少了居民对无线电磁环境的恐惧和抵触,同时也可以延长天线的使用寿限,保证通信的质量。美化天线没有固定的模式和方法,可随着环境的改变而采取灵活的方式,但其根本目的是将天线融入其所在的环境之中,根据天线实际安装的环境来选取符合要求的美化方式。图 1.2.11 展示了一些常用的美化天线方式。

扫一扫

1.2.1　关于基站辐射

**3. 电源及防护系统**

通信电源系统被称为移动通信设备的“心脏”,可以给通信设备提供不间断供电,一般包含交流供电系统、直流供电系统。如果电源供电中断,将会造成通信故障,引起各种问题。

防护系统包括动环监控系统、接地系统及防雷系统,监控并保障所有通信设备的稳定运行,是整个移动通信系统的重要组成部分。

电源及防护系统将在项目 5 中进行详细介绍。

**4. 传输系统**

基站传输系统是站点与网络之间的联系通道。传输系统的质量直接影响了信号传输交互的质量。随着近年来移动通信业务、数据业务,以及各种新业务的快速发展,对传输的需求也迅速增长。5G 网络不仅对传输链路的带宽需求量有增大,而且基站数量的大量增加也使得基站传输变得越来越重要了。

（a）广告牌型　（b）空调型　（c）水塔型

（d）路灯型　（e）美化树型　（f）墙体隐藏型

图 1.2.11　美化天线

基站内传输系统主要由光纤配线架（Optical Distribution Frame，ODF）和传输设备组成，其主要作用是将电信号转换为光信号，再通过光纤传输至主干网，最终将基站信号传达至核心机房。目前 5G 基站传输设备一般由 SPN 组成，后期随着 5G 基站大量建设，光纤资源紧张，基站会大量使用 OTN 设备。

**5. 通信主设备及天馈系统**

基站通信主设备及天馈系统是基站设备的主体，通过空口与用户终端进行直接连接。基站主设备一般分为基带系统、射频系统及天馈系统，分别安装在通信机房或通信天面。

在 GSM 网络中，基站主设备为 BTS，安装在通信机房中，它通过馈线将射频信号送到安装在通信天面上的天线，由天线完成无线信号的发射和接收。

随着技术的不断进步，在 GSM 网络建设的后期，无线主设备 BTS 被一分为二，单一的 BTS 设备组网方式改变为 BBU＋RRU，将基带处理和射频拉远两部分的功能实现分离。其中，BBU 负责基带信号的处理，安装在通信机房内部；射频拉远单元（Radio Remote Unit，RRU），安装在通信天面，一般情况下与天线安装在同一根抱杆上，且位于天线的下方。分布式基站如图 1.2.12 所示，BBU 与 RRU 之间通过光纤进行连接。这种基站建设方式在工程中一般称为分布式基站，BBU 所在的机房称为近端，RRU 所在的天面称为远端。在 3G、4G 网络建设过程中，一般都采用 BBU＋RRU 的建设方式。在这种建设方式下，多个基站的 BBU 可以共用同一个机房，在很大程度上缓解了日益紧张的机房资源。

由于 5G 网络采用了毫米波通信技术，信号的穿透能力和覆盖能力有所减弱，所以在 5G 网络建设中需要建设大量的通信基站，在通信基站资源愈发紧张的今天，BBU＋RRU 的建设

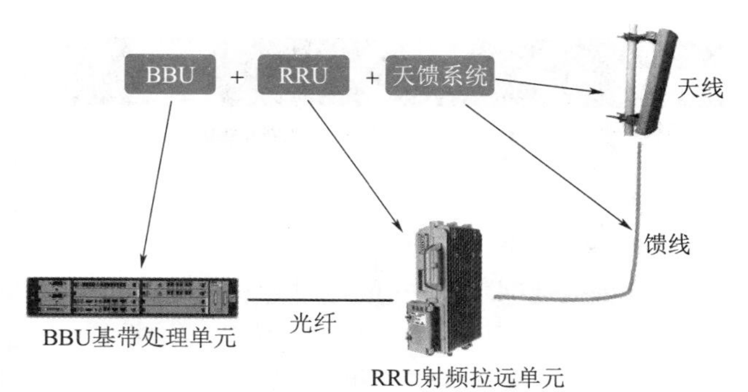


图 1.2.12　分布式基站

方式是组建网络的首选。在 5G 网络中，虽然将 RRU 和天线合并为新型网络单元——有源天线单元（Active Antenna Unit，AAU），但其组建网络的基本思路仍然是大量 BBU 共用同一机房，AAU 则分布在不同的网络覆盖目标范围内。

## 【知识链接 3】　基站建设基本流程

扫一扫

1.2.2　通信项目完整流程

站点工程整体流程一般分为三个阶段：立项阶段、实施阶段、验收投产阶段。

立项阶段一般指的是工程实施之前进行各类筹备工作的阶段。实施阶段一般指的是工程建设的实际施工阶段。验收投产阶段一般指的是工程建设结束之后的各类工作阶段。

### 1. 立项阶段

工程立项阶段的主要工作是工程项目筹备、工程勘察设计及概预算和方案制订与资源调配。

（1）工程项目筹备

工程项目筹备需要明确工程项目任务情况，组建工程项目部分工协作，收集所有的相关资料，办理工程所有的相关手续证件，确保工程实施可以按时进行。

（2）工程勘察设计及概预算

根据工程任务与相关资料，相关人员需要深入工程任务现场进行工程勘察，并根据勘察结果完成工程勘察设计。工程勘察设计为网络建设提供科学依据，以最小建设投资代价获取最优网络，主要包括沟通建站需求、确认站址环境、采集站址信息、出具设计图纸、配具基站辅材等方面的勘察内容。

基站工程设计图纸完成以后，需要根据设计方案进行工程预算。预算是控制和确定固定资产投资规模、安排投资计划、确定工程造价的主要依据，也是签订承包合同、实行投资包干、核定贷款额度、工程价款结算的主要依据，同时又是筹备材料、签订订货合同、考核工程技术经济性的主要依据。

（3）方案制订与资源调配

根据工程任务及勘察设计概算情况，制订具体的实施方案，组织项目评审，确认项目最终评审方案；根据方案制订项目计划，确认工程时间节点，做好人员与物资调配工作，保证工程顺利进行。

### 2. 实施阶段

工程实施阶段流程如图 1.2.13 所示，一般分为土建环节、电源及防护系统建设、传输系统建设、基站主设备及天馈建设。

图 1.2.13　工程实施阶段流程

具体情况如下。

(1)土建环节

工程实施第一环节是进行接地网建设,一般针对野外新建机房。如果机房建设于楼顶或大楼附近,并且大楼已有接地系统,可以考虑直接接入大楼接地系统,不需要新建。

接地网建设完成后,开始机房与塔桅建设,建设过程中除了遵守国家相关规定及设计要求外,还要注意做好机房墙内线缆线路预埋,在线缆接头处预留一定的长度,方便后期设备连接。

由于接地网部分埋在地下,后期验收不易,对机房、塔桅影响较大,如果有问题容易导致安全事故,且严重影响工程进度,所以,机房、塔桅建设完成后,需要与接地网先进行验收,验收通过后才可进入后面的环节。

(2)电源及防护系统建设

机房土建完成后,开始电源及防护系统建设。首先开始电源引入,引入过程中严格遵守国家相关规定,注意安全。如果是共建机房可以利用原有电源,不需要再次引入,设备应根据需求安装。

电源引入机房后,开始安装电源及防护设备,如交流配电箱、电源柜、蓄电池组等;建设过程中严格遵守国家相关规定和设计要求。

设备安装完成后,进行线缆连接调测,确保全部设备可正常运行。

(3)传输系统建设

电源及防护设备安装调测完成后,开始传输系统建设。首先开始传输引入、传输引入机房后,根据设计方案开始安装传输设备,如 ODF、SPN 等。

传输设备安装完成后,进行传输连接调测,对每一路传输进行“连—断—连”(先连接,后台确定接通,再断开,后台确定断开,再连接,后台确定连接)调测,确定规划的每一路传输都已接通。

(4)基站主设备及天馈建设

传输设备安装调测完成后,开始进行基站主设备及天馈建设。首先开始设备安装。设备安装完成后,进行设备连接。根据设计方案及设备需求,制作相应的接头连接线缆,接入相应的接口,完成设备连接。

设备连接完成后,进行开通调测,配置基站相关参数,开通激活基站。现场人员根据后台人员提供的基站信息,使用测试手机搜索新开通基站的信号,进行业务功能测试,确定业务可以接通。现场人员需要对新开通的每一个小区都进行测试,确保新开通基站每一个小区的业务都可以正常接通。

扫一扫

1.2.3　开站流程

**3. 验收投产阶段**

基站工程实施结束后,整理好相关资料并申请开始工程验收。工程验收投产阶段一般分为:硬件参数验收、软件参数验收、试运行观察、工程移交及收尾。

(1)硬件参数验收

①设备安装验收

硬件参数验收第一步是进行设备安装验收。验收设备是否能正常开通运行;数量、型号及其他相关参数是否与设计一致;安装位置是否与设计一致;安装是否牢固；安装是否符合国家规范及运营商和设备商的要求。

②接头与线缆布放验收

设备安装验收通过后，进行接头与线缆布放验收。验收各个设备之间连接使用的接口接头位置类型、数量是否与设计一致；室外线缆布放是否按规定使用保护管；接线头与线缆布放与绑扎是否符合国家规范及运营商和设备商的要求。

③标签验收

接头与线缆布放验收通过后，进行标签验收。验收机房内所有线缆接头位置是否按照规定做好标签；标签类型使用是否正确；标签字迹是否清晰易识别；标签文字表述是否清楚明了；标签内容说明是否正确。

④机房环境与配套设施验收

标签验收完成后，验收机房环境及配套设施。验收机房内部及周边是否清扫干净；温度、湿度是否符合国家标准及运营商和设备商的要求；消防器材、清洁器材、辅助工具等配套设施是否按规定配备且按要求摆放。

(2)软件参数验收

①传输路由验收

软件验收第一步是进行传输路由验收。验收新开通基站传输路由数量是否与设计一致；各路传输是否已接通；每路传输路由本端及对端端口号是否与设计一致；各路传输带宽是否与设计一致。

②监控告警验收

传输路由验收通过后，进行监控告警验收。验收新开通基站是否已纳入监控系统；各类告警是否能正常触发且后台监控中心能否及时监控发现；告警触发后能否正常消除且后台监控中心也能同步信息。

③主设备参数验收

监控告警验收通过后，进行主设备参数验收。验收新开通基站的开通小区数量是否与设计一致；基站的参数与每个小区的频率、带宽、物理小区标识(PCI)、小区标识(CI)、邻区等各类参数是否按照规划设计进行设置；基站归属的核心网相关参数是否按照规划设计配置。

④信号覆盖验收

主设备参数验收通过后，进行信号覆盖验收。验收新开通基站信号输出是否正常；输出信号强度与质量是否正常且符合设计要求；输出信号参数是否符合设计要求；信号覆盖位置是否符合设计要求；信号是否能正常进行移动性连接；整体信号覆盖是否达标且符合设计要求。

⑤业务功能验收

信号覆盖验收通过后，进行业务功能验收。验收新开通基站各类通信服务业务功能(语音主被叫、VoLTE主被叫、PING、上传/下载等)是否可正常接通；各类业务是否符合设计要求，如语音通话是否清晰流畅、PING业务延迟是否正常、上传/下载业务速率是否达标等。

(3)试运行观察期

新开通基站的软件、硬件参数验收都通过后，申请正式开通，自此进入试运行观察期。一般情况下观察期为3～6个月，各地运营商要求可能有所不同。试运行观察期内如果发生故障告警，可视情况进行延长。试运行观察期通过后，可以正式进行工程移交，自此工程进入正式投产阶段。

①日常告警监控及处理

试运行观察期开始之后，后台告警监控人员 7×24 h 实时监控新开通基站故障告警情况，确保故障发生时第一时间发现，及时通知相关人员处理。

②关键性能指标(KPI)监控及优化

试运行观察期开始之后，后台 KPI 监控人员根据要求(一般每天两次)监控新开通基站各项 KPI 指标(接通、掉线、切换、速率等)是否正常，发现相关问题，及时安排优化处理。

③用户投诉处理

试运行观察期开始之后，发现涉及新开通基站的用户投诉，及时安排处理，避免出现隐性故障未发现或者其他问题，能够有效提升服务质量与用户满意度。

④定期到站巡检

试运行观察期开始之后，根据运营商规定，定期(一般两至三个星期一次)到新开通基站现场进行巡检，现场检测设备运行是否正常；周边环境是否有变化；到站方式是否有变化；如果发现有变化，及时记录并告知相关人员。

(4)工程移交及收尾

试运行观察期通过之后，新开通基站管理由工程单位正式移交给建设单位，自此，新开通基站正式投产。

工程移交一般包括物料移交与工作移交。

工程移交完成之后，进入工程收尾阶段，主要涉及工程费用决算、工程整体复盘、资料整理归档。

至此工程正式结束。

扫一扫

1.2.4 基站设备维护工程

## 【技能实训】5G 移动网络规划资料收集

**1. 实训内容**

为了使所设计的网络尽可能达到运营商要求，适应当地通信环境及用户发展需求，必须进行网络设计前的调查分析工作。调查分析工作要做到尽可能详细，充分了解运营商需求，了解当地通信业务发展情况以及地形、地物、地貌和经济发展水平等信息。调研工作包括以下几部分：

(1)了解运营商对将要建设网络的无线覆盖、服务质量和系统容量等要求。

(2)了解服务区内地形、地物和地貌特征，调查经济发展水平、人均收入和消费习惯，以及服务区内话务需求分布情况。

(3)了解服务区内运营商现有网络设备性能及运营情况。

(4)了解运营商通信业务发展计划、可用频率资源，并对规划期内的用户发展做出合理预测。

(5)收集服务区的街道图、地形高度图，如有必要，需购买电子地图。

目前，5G 移动网络建设稳步推进，本次实训需要分组协作，模拟通信第三方公司和运营商运维部、网络优化部、建设部进行沟通，并利用 Internet 网络进行本地 5G 网络规划资料的收集。

**2. 实训环境及设备**

(1)运营商各部门办公仿真场地。

(2)具有 Internet 网络连接的计算机一台。

**3. 实训步骤及注意事项**

(1)通过 Internet 网络了解本地经济情况、人文情况。

(2)模拟通信第三方公司和运营商运维部、网络优化部、建设部进行沟通,了解本地网络现状。

(3)通过 Internet 网络访问本地统计局网站,了解本地地图。

(4)通过前面的调查,对资料进行电子归档,并整理成一个文档。

## 【任务评价】

<table>
<tr><td>项目名称</td><td colspan="2"></td><td>任务名称</td><td></td></tr>
<tr><td>小组成员</td><td colspan="2"></td><td>综合评分</td><td></td></tr>
<tr><td rowspan="20">学生自评</td><td colspan="4">理论任务完成情况</td></tr>
<tr><td>序号</td><td>知识考核点</td><td>自评意见</td><td>自评结果</td></tr>
<tr><td>1</td><td>基站的类型和扇区配置</td><td></td><td></td></tr>
<tr><td>2</td><td>基站整体结构</td><td></td><td></td></tr>
<tr><td>3</td><td>基站建设基本流程</td><td></td><td></td></tr>
<tr><td colspan="4">训练任务完成情况</td></tr>
<tr><td>项目</td><td>内　　容</td><td>评价标准</td><td>自评结果</td></tr>
<tr><td rowspan="2">训练准备</td><td>设备及备品</td><td>机具材料选择正确</td><td></td></tr>
<tr><td>人员组织</td><td>人员到位,分工明确</td><td></td></tr>
<tr><td rowspan="2">训练方法</td><td>训练方法及步骤</td><td>训练方法及步骤正确</td><td></td></tr>
<tr><td>操作过程</td><td>操作熟练</td><td></td></tr>
<tr><td rowspan="2">实训态度</td><td>参加实训操作积极性</td><td>积极参加实训操作</td><td></td></tr>
<tr><td>纪律遵守情况</td><td>严格遵守纪律</td><td></td></tr>
<tr><td rowspan="3">质量考核</td><td>本地经济人文情况及本地地图资料收集</td><td>搜集途径正确有效,资源收集全面翔实</td><td></td></tr>
<tr><td>情景模拟:与运营商运维部、网络优化部、建设部沟通情况</td><td>沟通顺畅、有效,获取到本地网络的基本情况</td><td></td></tr>
<tr><td>资料电子档案整理</td><td>形成文档,内容全面,格式正确</td><td></td></tr>
<tr><td rowspan="2">安全考核</td><td>安全操作</td><td>正确设置防护,符合安全操作规程</td><td></td></tr>
<tr><td>考核训练后现场整理</td><td>机具材料复位,现场整洁</td><td></td></tr>
<tr><td colspan="4">(根据个人实际情况选择:A. 能够完成;B. 基本能完成;C. 不能完成)</td></tr>
<tr><td colspan="4"></td></tr>
<tr><td>学习小组评价</td><td colspan="4">团队合作□ 学习效率□ 获取信息能力□ 交流沟通能力□ 动手操作能力□<br>(根据完成任务情况填写:A. 优秀;B. 良好;C. 合格;D. 有待改进)</td></tr>
<tr><td>老师评价</td><td colspan="4"></td></tr>
</table>

## 项目小结

本项目是学习基站建设工程的基础，首先对移动通信进行了概述，然后介绍了基站建设工程的相关基础知识。通过本项目的学习，可以了解移动通信的演进历史，了解基站在移动通信网络结构中的位置，认知基站的整体结构，熟悉移动通信基站建设的基本流程，初步具备实施基站建设的能力。

## 思考与练习

1. 移动通信网络主要由哪几部分组成？
2. 简述基站建设的基本流程。
3. 说明 5G 三大应用场景及各自关键性能指标。
4. 3G 网络的三大主流技术分别是什么？
5. 一个完整的基站一般由哪几部分构成？

# 项目 2 移动通信系统及基站设备认知

## 项目导图

- 移动通信系统及基站设备认知
  - 任务1 4G移动通信系统及基站设备
    - 【知识链接1】4G移动网络结构
    - 【知识链接2】LTE关键技术
    - 【技能实训】4G基站设备认知
  - 任务2 5G移动通信系统及基站设备
    - 【知识链接1】5G无线接入网
    - 【知识链接2】5G组网架构演进
    - 【技能实训】5G基站设备认知

## 学习目标

**【素养目标】**

1. 通过对移动通信技术的学习，增强通信强国责任感和使命感。
2. 培养良好的语言表达、沟通协调能力，具有团队协作意识，善于总结经验。
3. 培养分析问题和解决问题的能力。

**【知识目标】**

1. 掌握4G及5G移动网络的结构及工作原理。
2. 熟悉典型型号的基站设备结构及设备板卡功能。

**【能力目标】**

1. 能够辨识4G及5G基站设备。
2. 能够识别基站系统中基站硬件结构及各功能板卡。
3. 能够描述基站系统中的信号处理基本过程。

## 任务1　4G移动通信系统及基站设备

**【任务引入】**

目前，移动通信系统发展大致经历了1G～5G五个不同的阶段，其中2G、3G技术正在逐渐退网，4G、5G技术会在较长时间内共存。4G通信是一种宽带接入和分布式的全IP架构网络，在传输速率、传输质量、业务类型等方面都得到了很大的提升，本任务介绍 4G 移动通信的网络结构及关键技术，认知基站设备。

## 【任务单】

| 任务名称 | 4G 移动通信网络及基站设备 | 建议课时 | 4 |
|---|---|---|---|
| 任务内容：<br>1. 掌握 4G 移动通信网络结构。<br>2. 掌握 LTE 关键技术。<br>3. 认知 4G 基站设备 | | | |
| 任务设计：<br>1. 课前准备，阐述 4G 给我们生活带来的变化，探索 4G 移动通信网络的特点。<br>2. 观察并学习 4G 移动通信网络结构，指出 4G 网络结构较于 2G、3G 网络结构发生的变化。<br>3. 通过网络、书籍等途径搜集 LTE 关键技术并在老师的引导下深入学习。<br>4. 技能实训：认知华为 eNodeB DBS3900 设备 | | | |
| 建议学习方法 | 老师讲解、分组讨论、实训教学 | 学习地点 | 实训室 |

扫一扫

2.1.1 LTE 网络结构

## 【知识链接 1】 4G 移动网络结构

随着移动通信技术的蓬勃发展，无线通信系统呈现出移动化、宽带化和 IP 化的趋势，移动通信市场的竞争也日趋激烈。为应对来自 WiMAX、Wi-Fi 等传统和新兴无线宽带接入技术的挑战，第三代合作伙伴计划（3rd Generation Partnership Project，3GPP）开展了一项 LTE 技术的研究，以实现 3G 技术向宽带 3G 和 4G 的平滑过渡。LTE 的改进目标是实现更高的数据速率、更短的时延、更低的成本、更高的系统容量，以及改进的覆盖范围。LTE 网络架构如图 2.1.1 所示。

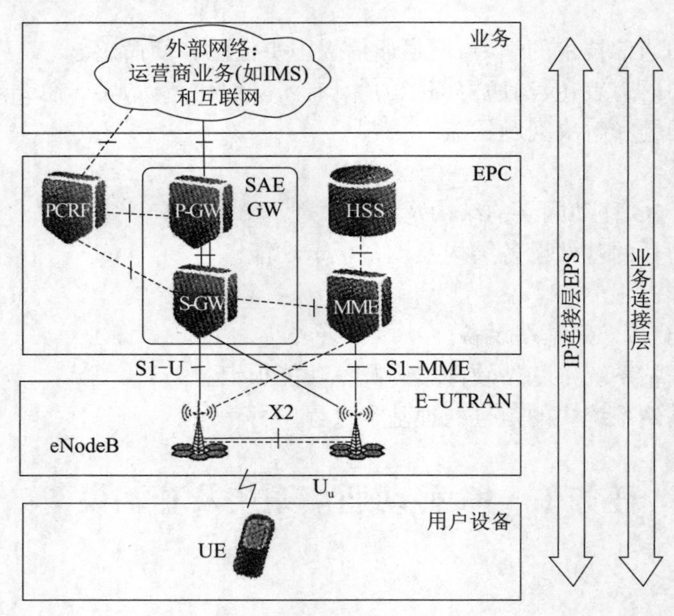


图 2.1.1 LTE 网络架构

LTE 中核心网演进方向为 EPC，EPC 是基于系统架构演进（SAE）的分组核心网技术，包含移动性管理实体（MME）、业务网关（S-GW）、分组数据网关（P-GW）和归属用户服务器（HSS）等网元。EPC 的一个重大结构变化是仅有分组域（PS）而无电路域（CS）。从功能角度看，EPC 相当于现有 3G 网络的核心网分组域，但是大部分节点的功能划分和结构有了很大变化。

LTE 中无线接入网络演进型（E-UTRAN）采用由 eNodeB 构成的单层结构，与传统的 3GPP 接入网相比，LTE 无线接入网减少了无线网络控制器（RNC）节点，所有的无线功能都集中在 eNodeB 节点。这种结构有利于简化网络和减小延迟，实现了低时延、低复杂度和低成本的要求。名义上 LTE 是对 3G 的演进，但事实上它对 3GPP 的整个体系架构作了革命性的变革，LTE 的网络结构逐步趋近于典型的 IP 宽带网结构。

UE、E-UTRAN 和 EPC 共同构成了 IP 连接层，也称为演进的分组系统（EPS）。该层的主要功能是提供基于 IP 的连接性，所有业务都以全 IP 的方式承载，系统中不再有电路交换节点和接口。

业务连接层通过 IP 多媒体子系统（IMS）提供基于 IP 连接的业务。例如，为了支持语音业务，IMS 可支持 VoIP，并通过其控制下的媒体网关实现和传统的电路交换网络如公共交换电话网络（PSTN）及综合业务数字网（ISDN）的连接。

LTE 网络中各网元功能如下。

**1. eNodeB**

演进型 NodeB（eNodeB）是 LTE 中基站的名称，负责用户通信过程中控制面和用户面的建立、管理与释放，以及部分无线资源管理方面的功能。

如图 2.1.1 所示，eNodeB 与 EPC 通过 S1 接口连接，其中，S1-U 连接业务信号，S1-MME 连接控制信号；eNodeB 之间通过 X2 接口连接；eNodeB 与 UE 之间通过 $U_u$ 接口连接。

**2. MME**

移动性管理实体（MME）提供了用于 LTE 接入网络的主要控制，以及核心网络的移动性管理，包括寻呼、安全控制、承载控制，以及终端在空闲状态的移动性控制等。简单地说，MME 是负责信令处理的部分。

**3. S-GW**

服务网关（S-GW）负责 UE 用户面数据的传送、转发和路由切换等，同时也作为 eNodeB 之间互相传递期间用户面的移动性锚点，以及作为 LTE 和其他 3GPP 技术的移动性锚点。

**4. P-GW**

分组数据网关（P-GW）管理用户设备（UE）和外部分组数据网络之间的连接。一个 UE 可以与访问多个公用数据网（PDN）的多个 P-GW 同步连接，P-GW 执行策略的实施，为每个用户进行数据包过滤、计费支持、合法拦截和数据包筛选。

**5. PCRF**

策略与计费规则功能单元（PCRF）是负责策略和计费控制的网元。它负责决定如何保证业务的服务质量（QoS），并为 P-GW 中的策略和计费执行功能（PCEF）、S-GW 中可能存在的承载绑定及事件报告功能提供 QoS 相关信息，以便建立适当的承载和策略。

**6. HSS**

归属用户服务器（HSS）用于存储用户签约信息的数据库，其主要功能包括：存储用户相关的信息；签约数据管理和鉴权，如用户接入网络类型限制、用户接入点（APN）信息、计费信息管理；支持多种卡类和多种方式的鉴权；与不同域和子系统中的呼叫控制和会话管理实体互通等。

扫一扫

2.1.2 LTE关键技术（OFDM）

扫一扫

2.1.3 MIMO技术

## 【知识链接 2】 LTE 关键技术

### 1. OFDM 技术

在无线接入网侧，LTE 将 CDMA 技术改变为能够更有效对抗宽带系统多径干扰的 OFDM 技术。OFDM 技术具有抗多径干扰、实现简单、灵活支持不同带宽、频谱利用率高、支持高效自适应调度等优点。

OFDM 是一种多载波调制，是 LTE 的基础，其示意图如图 2.1.2 所示。多载波技术把数据流分解为若干子比特流，并用这些数据去调制若干个载波。此时数据传输速率较低，码元周期较长，对于信道的时延弥散性不敏感。OFDM 技术原理是将高速数据流通过串并变换，分配到传输速率相对较低的若干个正交子信道中传输。由于每个子信道中的符号周期会相对增加，因此可以减轻由无线信道的多径时延扩展所产生的时间弥散性对系统造成的影响，并且还可以在 OFDM 符号之间插入保护间隔，使保护间隔大于无线信道的最大时延扩展，这样就可以最大限度地消除由于多径所带来的符号间干扰（ISI）。一般都采用循环前缀（CP）作为保护间隔，从而避免多径所带来的信道间干扰。

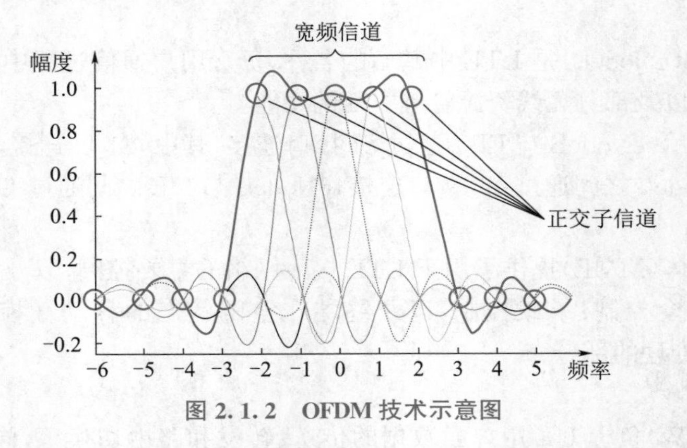


图 2.1.2 OFDM 技术示意图

对于多址技术，LTE 规定了下行采用正交频分多址（OFDMA）。在 OFDMA 中，一个传输符号包括 $n$ 个正交的子载波，实际传输中，这些正交的子载波是以并行方式进行传输的，真正体现了多载波的概念。上行采用单载波频分多址（SC-FDMA）。对于 SC-FDMA 系统，其也使用 $n$ 个正交子载波，但这些子载波在传输中是以串行方式进行的，正是基于这种方式，传输过程中才降低了信号波形幅度上大的波动，避免带外辐射，降低了峰均功率比（PAPR）。根据 LTE 系统上、下行传输方式的特点，无论是下行 OFDMA 还是上行 SC-FDMA，都保证了使用不同频谱资源用户间的正交性。

OFDM 作为下一代无线通信系统的关键技术，有以下优点：

（1）频谱利用率高。由于子载波间频谱相互重叠，充分利用了频带，从而提高了频谱利用率。

（2）抗多径干扰与抗频率选择性衰落能力强，有利于移动接收。由于 OFDM 系统把数据分散到许多个子载波上，大大降低了各子载波的符号速率，使每个码元占用频带远小于信道相关带宽，每个子信道呈平坦衰落，从而减弱了多径传播的影响。

（3）接收机复杂度低。采用简单的信道均衡技术就可以满足系统性能要求。

（4）采用动态子载波分配技术使系统达到最大的比特率。通过选取各子信道，每个符号的比特数及分配给各子信道的功率使总比特率最大。

(5)基于离散傅里叶变换(DFT)的OFDM有快速算法。OFDM采用IFFT和FFT来实现调制和解调,易于数字信号处理(DSP)实现。

**2. MIMO技术**

MIMO全称为多输入多输出技术。MIMO系统利用多个天线同时发送和接收信号,任意一根发射天线和任意一根接收天线间形成一个单输入单输出(Single-Input Single-Output,SISO)信道,通常假设所有这些SISO信道间互不相关。按照发射端和接收端不同的天线配置,多天线系统可分为三类系统,即单输入多输出系统(SIMO)、多输入单输出系统(MISO)和多输入多输出系统(MIMO)。

无线通信系统可利用的资源包括时间、频率、功率和空间。LTE系统中,利用OFDM和MIMO技术对频率和空间资源进行了重新开发,大大提高了系统性能。

LTE系统将MIMO技术作为核心关键技术之一的一个重要原因,就是在OFDM基础上实现MIMO技术相对简单。MIMO技术的关键是有效避免天线间的干扰(IAI),以区分多个并行数据流。在频率选择性衰落信道中,天线间的干扰和符号间的干扰(ISI)混合在一起,很难将MIMO接收和信道均衡分开处理;而在OFDM系统中,接收处理是基于带宽很窄的载波进行的,在每个子载波上可认为衰落是相对平坦的,在平坦衰落信道上可实现简单的MIMO接收。此外,在时变或频率选择性信道中,OFDM和MIMO技术结合可进一步获得分集增益或增大系统容量。

MIMO技术的分类方式有多种,从MIMO的效果分,包括以下四类:

(1)空间分集(SD),包括发射分集和接收分集,指利用较大间距的天线阵元之间或赋形波束之间的不相关性,发射或接收一个数据流,避免单个信道衰落对整个链路的影响,增加接收的可靠性,从而获得分集增益。图2.1.3为发射分集的示意图。

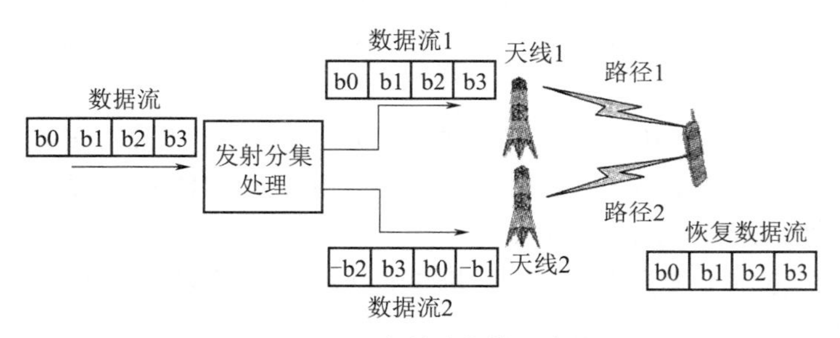


图2.1.3　发射分集的示意图

(2)空分复用(SDM),利用较大间距的天线阵元之间或赋形波束之间的不相关性,向一个终端或基站并行发射多个数据流,以提高链路容量和系统峰值速率。图2.1.4(a)为SDM示意图。

(3)空分多址(SDMA),利用较大间距的天线阵元之间或赋形波束之间的不相关性,向多个终端并行发射多个数据流,或从多个终端并行接收数据流,以提高用户容量。图2.1.4(b)为SDMA示意图。

(4)波束赋形(BF),利用较小间距的天线阵元之间的相关性,通过阵元发射的波之间的干涉,将能量集中于某个(或某些)特定方向上,形成指向性很强的波束,从而实现更大的覆盖增益和干扰抑制效果。图2.1.5为波束赋形示意图,其中图2.1.5(a)为单流赋形,图2.1.5(b)为双流赋形。

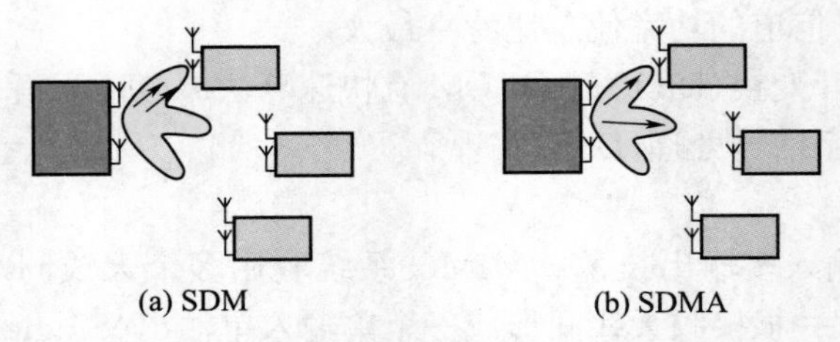


图 2.1.4　SDM 与 SDMA 示意图

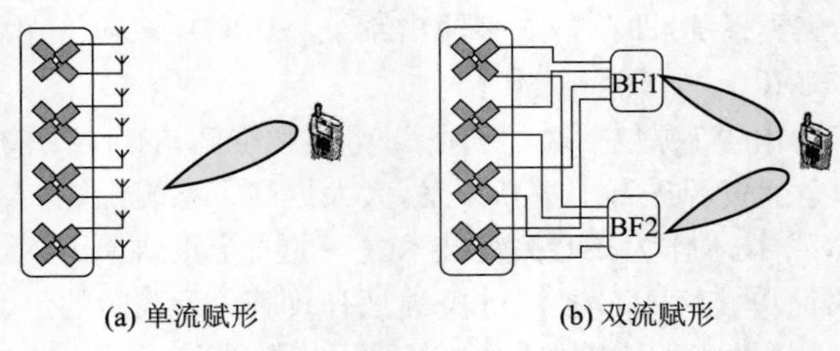


图 2.1.5　波束赋形示意图

MIMO 技术可以适应宏小区、微小区、热点等各种环境。基本 MIMO 模型是下行 2×2、上行 1×2 个天线，但同时也正在考虑更多天线配置（最多 4×4）的必要性和可行性。MIMO 技术目前具体使用的方法包括空分复用、空分多址、预编码、自适应波束形成、智能天线及开环发射分集等。

如果所有 SDM 数据流都用于一个 UE，则称为单用户 MIMO（SU-MIMO）；如果将多个 SDM 数据流用于多个 UE，则称为多用户 MIMO（MU-MIMO）。

下行 MIMO 将以闭环 SDM 为基础，SDM 可以分为多码字 SDM 和单码字 SDM（单码字可以看作多码字的特例）。在多码字 SDM 中，多个码流可以独立编码，并采用独立的 CRC（循环冗余校验码），码流数量最大可达 4。对每个码流，可以采用独立的链路自适应技术（例如通过 PARC 技术实现）。

下行 MIMO 还可支持 MU-MIMO（或称为 SDMA）。出于 UE 对复杂度的考虑，目前主要考虑采用预编码技术，而不是干扰消除技术来实现 MU-MIMO 模式、SU-MIMO 模式和 MU-MIMO 模式之间的切换，由 eNodeB 控制。

上行 MIMO 的基本配置是 1×2 天线，即 UE 采用一根发射天线和两根接收天线。可考虑发射分集、SDM 和预编码等技术。

上行 MIMO 还将采用一种特殊的 MU-MIMO（SDMA）技术，即上行的 MU-MIMO（也即已被 WiMAX 采用的虚拟 MIMO 技术）。此项技术可以动态地将两个单天线发送的 UE 配成一对（Pairing），进行虚拟的 MIMO 发送，这样两个 MIMO 信道具有较好正交性的 UE 可以共享相同的时/频资源，从而提高上行系统的容量。这项技术对标准化的影响，主要是需要 UE 发送相互正交的参考符号，以支持 MIMO 信道估计。

## 【技能实训】4G 基站设备认知

### 1. 实训目的及任务

通过对 4G eNodeB 技术及设备实物的学习，对 eNode B 设备系统功能有整体的了解。

（1）现场参观 4G 移动通信基站机房。

(2)观察并记录 4G 基站设备的型号和结构。

(3)学习设备机架中各单元模块的功能。

(4)观察 eNodeB 系统基站硬件设备的安装和连接方法。

**2. 实训设备**

华为 eNodeB DBS3900 设备一套。

**3. 实训内容**

eNodeB 基站采用分布式架构,其组成如图 2.1.6 所示,包括基本功能模块,即基带控制单元 BBU、射频拉远单元 RRU、配套天线、馈线、传输设备、直流电源柜等。

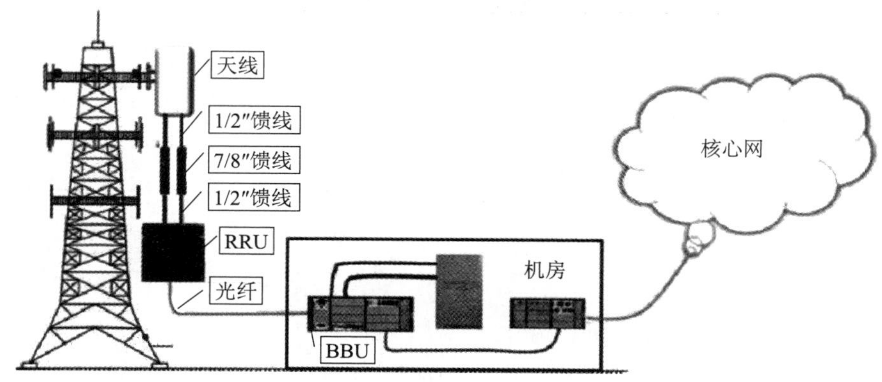


图 2.1.6　eNodeB 基站组成

DBS3900 是华为根据 3GPP 协议开发的 LTE-TDD 分布式基站,可用于射频拉远、基带和射频分散安装的场景。DBS3900 主设备包括基带控制单元 BBU 和射频拉远单元 RRU, BBU3900 与 RRU 均提供 CPRI 接口,两者通过光纤实现互连,如图 2.1.7 所示。

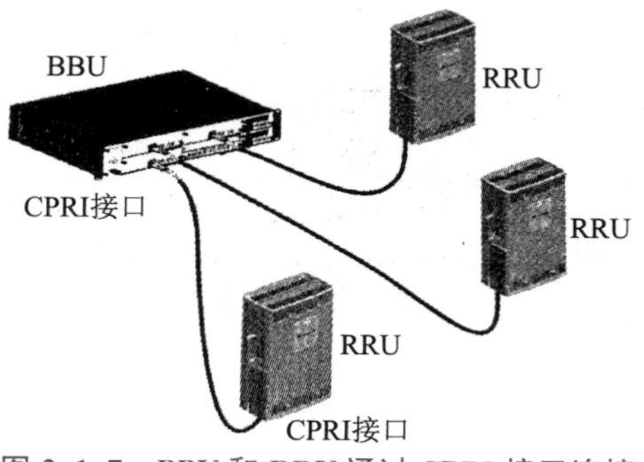


图 2.1.7　BBU 和 RRU 通过 CPRI 接口连接

扫一扫

2.1.4
DBS3900
设备概述

(1)BBU3900 模块

BBU3900 是基带控制单元,主要功能包括以下几点:

①提供 eNodeB 与 MME/S-GW 连接的物理接口,处理相关传输协议栈。

②提供与 RRU 通信的 CPRI 接口,完成上、下行基带信号处理。

③集中管理整个基站系统,包括操作维护和信令处理。

④提供与本地维护终端(Local Maintenance Terminal,LMT)或华为集中操作维护系统 M2000 连接的维护通道。

⑤提供时钟接口、告警监控接口、USB 接口等分别用于时钟同步、环境监控和 USB 调测等。

扫一扫

2.1.5
BBU3900
单板
配置原则

BBU3900 采用盒式结构，可安装在 482.6 mm 宽、2U 高、330.2 mm 深的狭小空间里，如室内墙壁、标准机柜中。BBU3900 外观如图 2.1.8 所示。

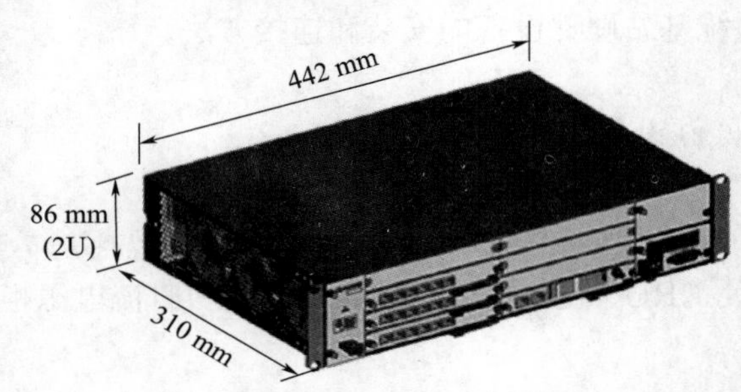


图 2.1.8　BBU3900 外观

BBU3900 技术指标见表 2.1.1。

表 2.1.1　BBU3900 技术指标

| 项　目 | 指　标　值 |
| --- | --- |
| 尺寸(高×宽×长) | 86 mm×442 mm×310 mm |
| 质量 | ≤12 kg(满配置) |
| 电源 | DC －48 V，电压范围：DC －57 V～－38.4 V |
| 功耗 | 150 W(配置 1 LBBP)；225 W(配置 2 LBBP)；300 W(配置 3 LBBP) |
| 温度 | －20～＋50 ℃(长期工作)＋50～＋55 ℃(短期工作) |
| 相对湿度 | 5% RH～95% RH |
| 气压 | 70～106 kPa |
| 保护级别 | IP20 |
| CPRI 接口 | 每块 LBBP 支持 6 个 CPRI 接口，支持标准 CPRI 4.1 接口，并向后兼容 CPRI 3.0 |
| FE/GE 接口 | 两个 FE/GE 电接口，或两个 FE/GE 光接口，或 1 个 FE/GE 电接口＋1 个 FE/GE 光接口，或两个可选的 E1/T1 接口 |

扫一扫

2.1.6　LMPT 单板

扫一扫

2.1.7　LBBP 单板

BBU3900 支持即插即用功能，可以根据需求对其进行灵活配置。BBU3900 单板主要包括如下内容。

a. 主控传输板

主控传输板(LTE Main Processing & Transmission unit，LMPT)是 LTE 主控传输单元，主要功能包括：

(a)控制和管理整个基站，完成配置管理、设备管理、性能监视、信令处理和无线资源管理等功能。

(b)提供基准时钟、传输接口及与 OMC(LMT 或 M2000)连接的维护通道。

b. 基带处理板

基带处理板(LTE Base Band Processing unit，LBBP)是 LTE 基带处理板，主要功能包括：

(a)提供与射频模块的 CPRI 接口。

(b)完成上、下行数据的基带处理功能。

c. 通用基带射频接口板

通用基带射频接口板(Universal Baseband Radio Interface board,UBRI),主要功能包括:

(a)提供 CPRI 扩展光、电接口。

(b)提供 CPRI 汇聚、转发功能。

d. 通用基础互联单元

通用基础互联单元(Universal inter-Connection Infrastructure Unit,UCIU)单板是通用基础互联单元,主要功能包括:

(a)提供 BBU3900 间互联功能,传递控制数据、传输数据和时钟信号。

(b)提供 BTS3012 和 BTS3900 并站互联功能、BTS3012AE 和 BTS3900A 并站互联功能。

e. 传输扩展单元

传输扩展单元(Universal extension Transmission Processing unit,UTRP)是传输扩展单元,主要功能包括:

(a)扩展 GSM、UMTS、LTE 传输,支持 GSM、UMTS、LTE 共享 IPSec 功能。

(b)提供两个 100/1 000(Mbit/s)速率的以太网光接口,完成以太网 MAC 层功能,实现以太网链路数据的接收、发送和 MAC 地址解析等;提供四个 10/100/1 000(Mbit/s)速率以太网电接口,完成以太网的 MAC 层和 PHY 层功能。

扫一扫

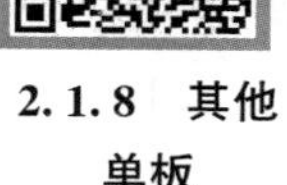

2.1.8　其他单板

(c)支持 GSM、UMTS、LTE 共传输。

(d)增强 UMTS 信令处理能力。

f. 星卡时钟单元

星卡时钟单元(Universal Satellite card and Clock Unit,USCU)是通用星卡时钟单元,带 GPS 星卡,支持 GPS,实现时间同步或从传输获取准确时钟。

g. 防雷板

防雷板(Universal E1/T1 Lightning Protection unit,UELP)为通用 E1/T1 防雷保护单元,一块 UELP 单板支持四路 E1/T1 信号的防雷功能。

h. 电源模块

电源模块(Universal Power and Environment interface Unit,UPEU)是 BBU3900 的电源模块,主要功能包括:

(a)用于将−48 V 或+24 V 直流输入电源转换为+12 V 直流电源。UPEU 有四种类型,其中 UPEUa、UPEUc 和 UPEUd 是将−48 V 直流输入电源转换为+12 V 直流电源,UPEUb 是将+24 V 直流输入电源转换为+12 V 直流电源。

(b)提供两路 RS-485 信号接口和八路开关量信号接口,开关量输入只支持干接点和 OC 输入。

i. 环境接口单元

环境接口单元(Universal Environment Interface Unit,UEIU)是 BBU3900 的环境接口单元,主要用于将环境监控设备信息和告警信息传输给主控板,主要功能包括:

(a)提供两路 RS-485 信号接口。

(b)提供八路开关量信号接口,开关量输入只支持干接点和 OC 输入。

(c)将环境监控设备信息和告警信息传输给主控板。

j. 风扇板(FAN)

风扇板(FAN)是 BBU3900 的风扇模块,主要用于风扇的转速控制及风扇板的温度检测,上报风扇和风扇板的状态,并为 BBU 提供散热功能。

(2)RRU 模块

RRU 是射频拉远单元，是分布式基站的射频部分，支持抱杆安装、挂墙安装和立架安装，也可靠近天线安装，节省馈线长度，减少信号损耗，提高系统覆盖容量。RRU 主要完成基带信号和射频信号的调制解调、数据处理、功率放大和驻波检测等功能。RRU 外观如图 2.1.9 所示。

扫一扫

2.1.9 RRU 概述

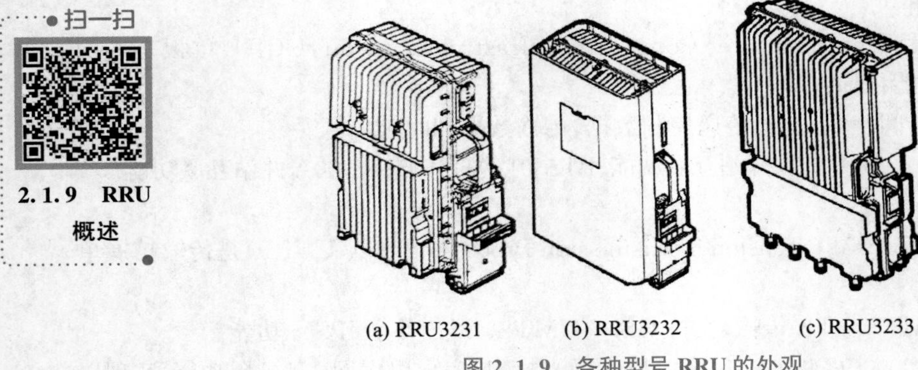

(a) RRU3231　(b) RRU3232　(c) RRU3233

图 2.1.9　各种型号 RRU 的外观

RRU3231 技术指标见表 2.1.2。

表 2.1.2　RRU3231 技术指标

| 项　目 | 指标值 | |
|---|---|---|
| 频带/带宽 | 频　带 | 带　宽 |
| | Band 40 2.3G：2 300～2 400 MHz | 10 MHz、20 MHz |
| 设备尺寸（高×宽×长） | 400 mm×220 mm×140 mm（不带壳）；400 mm×240 mm×160 mm（带壳） | |
| 设备质量 | ≤13 kg（不带壳）；≤14 kg（带壳） | |
| 电源 | DC −48 V，电压范围：DC −57～−36 V | |
| 最大输出功率 | 2×30 W | |
| 温度 | 带壳：−40～+45 ℃（1 120 W/m² 太阳辐射）；−40～+50 ℃（无太阳辐射）<br>不带壳：−40～+50 ℃（1 120 W/m² 太阳辐射）；−40～+55 ℃（无太阳辐射） | |
| 相对湿度 | 5% RH～100% RH | |
| 气压 | 70～106 kPa | |
| 保护级别 | IP65 | |

RRU3232 技术指标见表 2.1.3。

表 2.1.3　RRU3232 技术指标

| 项　目 | 指标值 | |
|---|---|---|
| 频带/带宽 | 频　带 | 带　宽 |
| | Band38 2.6G：2 570～2 620 MHz | 10 MHz、20 MHz |
| | Band40 2.3G：2 300～2 400 MHz | 10 MHz、20 MHz |
| 设备尺寸（高×宽×长） | 480 mm×270 mm×140 mm（不带壳）；485 mm×300 mm×170 mm（带壳） | |
| 设备质量 | ≤19.5 kg（不带壳）；≤21 kg（带壳） | |
| 电源 | DC −48 V，电压范围：DC −57～−36 V | |
| 最大输出功率 | 4×20 W | |

续上表

| 项　　目 | 指　标　值 |
|---|---|
| 温度 | −40～+50 ℃(1 120 W/m² 太阳辐射);−40～+55 ℃(无太阳辐射) |
| 相对湿度 | 5% RH～100% RH |
| 气压 | 70～106 kPa |
| 保护级别 | IP65 |

扫一扫

2.1.10 RRU3233

RRU3233 技术指标见表 2.1.4。

表 2.1.4　RRU3233 技术指标

| 项　　目 | 指　标　值 | |
|---|---|---|
| 频带/带宽 | 频　　带 | 带　　宽 |
| | Band38 2.6G:2 570～2 620 MHz | 10 MHz、20 MHz |
| 设备尺寸(高×宽×长) | 550 mm×320 mm×135 mm(不带壳) | |
| 设备质量 | ≤25 kg | |
| 电源 | DC −48 V,电压范围:DC −57～−36 V | |
| 最大输出功率 | 8×10 W | |
| 温度 | 不带壳:−40～+50 ℃(1 120 W/m² 太阳辐射);−40～+55 ℃(无太阳辐射) | |
| 相对湿度 | 5% RH～100% RH | |
| 气压 | 70～106 kPa | |
| 保护级别 | IP65 | |

(3)DBS3900 附属设备

DBS3900 附属设备说明见表 2.1.5,DBS3900 可以选配下面所列附属设备中的一种或几种。

表 2.1.5　DBS3900 附属设备说明

| 附属设备 | 说　　明 |
|---|---|
| APM30H | 热交换型室外一体化后备电源系统,为分布式基站提供室外应用的直流供电和蓄电池备电,并为 BBU3900 和用户设备提供安装空间,满足快速建网的要求 |
| BBS200T/BBS200D | 应用于室外长期备电的场景,通过内置蓄电池组,最大−48 V/184 A·h 的直流电源备电 |
| TMC11H | 提供更多的传输空间,可应用于室外环境安装 BBU3900 和用户设备 |
| EPS4890 | AC 220 V 转 DC −48 V 电源模块,给 BBU、RRU 模块供电。<br>EPS4890 作为特殊解决方案,不作为典型配置方案 |
| EPS48100D | DC +24 V 转 DC −48 V 电源模块,可以放置在室内集中安装架中,给 BBU、RRU 模块供电 |
| OMB | 机柜共有 3U 空间,内置 1U 的 4815 电源系统,提供 AC 220 V 转 DC −48 V,为 BBU、RRU 供电。OMB 作为特殊解决方案,不作为典型配置方案 |
| DCDU-03B | DCDU-03B 为直流配电盒,支持多路直流配电输出 |

续上表

| 附属设备 | 说　明 |
| --- | --- |
| PS4890 | PS4890 为室内电源柜，可为用户设备提供直流电源和安装空间，通过内置蓄电池组可提供备电功能。<br>PS4890 作为特殊解决方案，不作为典型配置方案 |
| EMUA | EMUA 是环境监控仪，它的功能包括：(1)监控环境；(2)监控外部侵入；(3)监控配电 |

(4)DBS3900 典型应用场景

DBS3900 有两种典型的场景应用，即一体化应用和嵌入式应用。

①一体化应用

DBS3900 一体化应用场景如图 2.1.10 所示。DBS3900 一体化应用由以下设备构成：BBU3900＋RRU＋APM30(或 TMC11H、OMB)。

②嵌入式应用

DBS3900 嵌入式应用场景如图 2.1.11 所示。BBU3900 可以内置安装在任何具有 482.6 mm 宽、2U 高的标准机柜中，RRU 安装在楼顶或铁塔等靠近天线的地方，即采用 BBU＋RRU＋482.6 mm 机柜的应用配置。

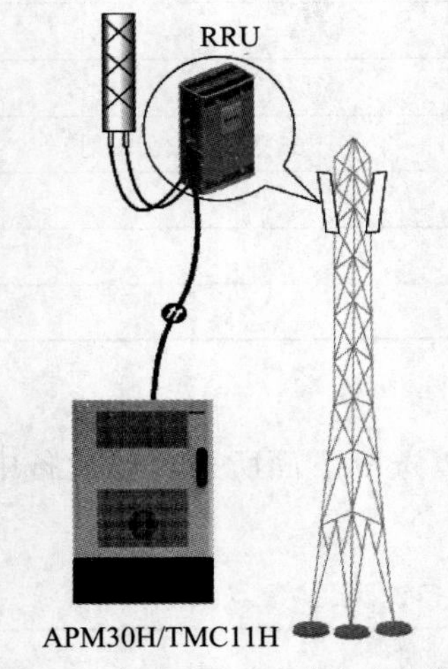


图 2.1.10　DBS3900 一体化应用场景

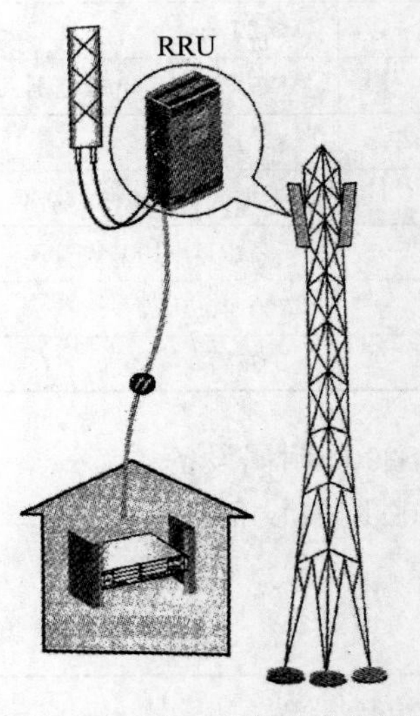


图 2.1.11　DBS3900 嵌入式应用场景

## 【任务评价】

<table>
<tr><td colspan="2">项目名称</td><td colspan="2"></td><td>任务名称</td><td colspan="2"></td></tr>
<tr><td colspan="2">小组成员</td><td colspan="2"></td><td>综合评分</td><td colspan="2"></td></tr>
<tr><td rowspan="5">学生自评</td><td colspan="6">理论任务完成情况</td></tr>
<tr><td>序号</td><td colspan="2">知识考核点</td><td colspan="2">自评意见</td><td>自评结果</td></tr>
<tr><td>1</td><td colspan="2">4G 移动通信网络结构</td><td colspan="2"></td><td></td></tr>
<tr><td>2</td><td colspan="2">LTE 关键技术</td><td colspan="2"></td><td></td></tr>
<tr><td>3</td><td colspan="2">eNodeB 基站设备组成</td><td colspan="2"></td><td></td></tr>
</table>

续上表

<table>
<tr><td>项目名称</td><td colspan="2"></td><td>任务名称</td><td></td></tr>
<tr><td>小组成员</td><td colspan="2"></td><td>综合评分</td><td></td></tr>
<tr><td rowspan="14">学生自评</td><td colspan="4">训练任务完成情况</td></tr>
<tr><td>项目</td><td>内　容</td><td>评价标准</td><td>自评结果</td></tr>
<tr><td rowspan="2">训练准备</td><td>设备及备品</td><td>机具材料选择正确</td><td></td></tr>
<tr><td>人员组织</td><td>人员到位，分工明确</td><td></td></tr>
<tr><td rowspan="2">训练方法</td><td>训练方法及步骤</td><td>训练方法及步骤正确</td><td></td></tr>
<tr><td>操作过程</td><td>操作熟练</td><td></td></tr>
<tr><td rowspan="2">实训态度</td><td>参加实训操作积极性</td><td>积极参加实训操作</td><td></td></tr>
<tr><td>纪律遵守情况</td><td>严格遵守纪律</td><td></td></tr>
<tr><td rowspan="3">质量考核</td><td>基站设备的型号和结构认知</td><td>能正确描述基站设备的型号和结构组成</td><td></td></tr>
<tr><td>设备机架中各单元模块的功能学习</td><td>绘制并提交 DBS3900 设备简图，正确描述各设备单元模块功能</td><td></td></tr>
<tr><td>eNodeB 硬件设备的安装和连接</td><td>正确描述 eNodeB 硬件设备的安装和连接方法</td><td></td></tr>
<tr><td rowspan="2">安全考核</td><td>安全操作</td><td>按照安全操作流程进行操作</td><td></td></tr>
<tr><td>考核训练后现场整理</td><td>机具材料复位，现场整洁</td><td></td></tr>
<tr><td colspan="4">（根据个人实际情况选择：A. 能够完成；B. 基本能完成；C. 不能完成）</td></tr>
<tr><td>学习小组评价</td><td colspan="4">团队合作□ 学习效率□ 获取信息能力□ 交流沟通能力□ 动手操作能力□<br>（根据完成任务情况填写：A. 优秀；B. 良好；C. 合格；D. 有待改进）</td></tr>
<tr><td>老师评价</td><td colspan="4"></td></tr>
</table>

# 任务 2　5G 移动通信系统及基站设备

## 【任务引入】

移动通信已经深刻地改变了人们的生活，但人们对更高性能移动通信的追求从未停止。为了应对未来爆炸性的移动数据流量增长、海量的设备连接、不断涌现的各类新业务和应用场景，第五代移动通信系统(5G)应运而生。5G 带来的最大的变化就是不仅仅实现人与人之间的通信，更要实现人与物、物与物之间的通信，最终实现万物互联。本任务介绍 5G 移动网络结构、5G 组网架构及 5G 基站设备。

【任务单】

| 任务名称 | 5G 移动通信系统及基站设备 | 建议课时 | 6 |
|---|---|---|---|
| 任务内容：<br>1. 掌握 5G 移动通信网络结构。<br>2. 了解 5G 组网架构。<br>3. 认知 5G 基站设备 | | | |
| 任务设计：<br>1. 课前准备，总结 5G 给我们生活带来的变化，探索 5G 网络的原理。<br>2. 观察 5G 移动通信网络结构图，指出 5G 网络结构较于 4G 网络结构发生的变化。<br>3. 在老师的引导下，结合实际探讨 5G 建网运营商会采取的组网架构。<br>4. 技能实训：认知 5G 基站设备 | | | |
| 建议学习方法 | 老师讲解、分组讨论、实训教学 | 学习地点 | 实训室 |

扫一扫

2.2.1 无线接入网的演进

## 【知识链接 1】 5G 无线接入网

### 1. 5G 无线接入网的变化

4G 基站通信主设备通常包括 BBU、RRU、天馈系统。BBU 主要负责基带信号处理和控制基站；RRU 主要负责射频处理、调制和放大信号等；天线主要负责线缆上导行波和空气中空间波之间的转换，实现发射和接收信号；馈线主要用于连接 RRU 和天线。

最初的基站是将 BBU 和 RRU 装配在同一机房或同一机柜内，并通过馈线连接 RRU 和天线，如图 2.2.1 所示。后来，RRU 和 BBU 被分开。BBU 通常装配在机柜内，有时也装配在墙壁上。RRU 装配在天线附近，缩短了 RRU 和天线之间馈线的长度，减少了信号的损耗，也降低了馈线的成本，使网络规划更加灵活。这就是 RRU 拉远，也被称为分布式基站，如图 2.2.2 所示。这样，RAN 也就变成了分布式无线接入网(Distributed RAN，D-RAN)。

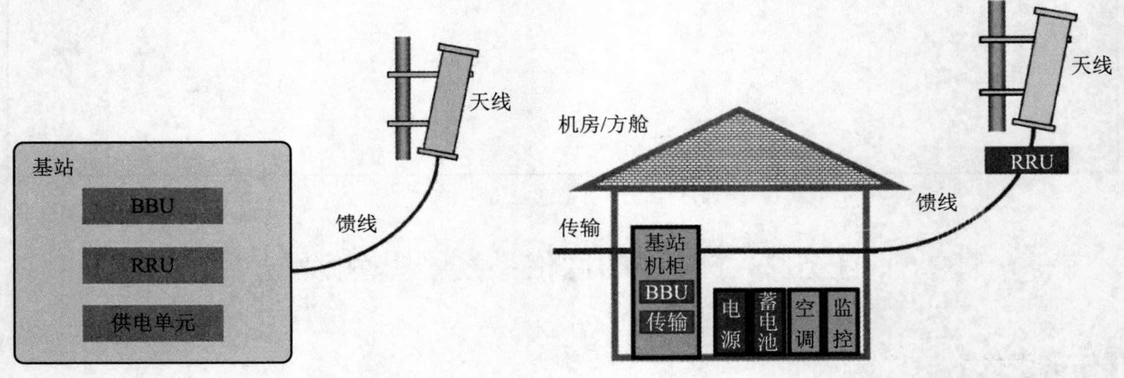


图 2.2.1 传统基站　　图 2.2.2 RRU 拉远/分布式基站

5G 时代，天线和 RRU 集成在 AAU 模块中，节省馈线和天面资源，图 2.2.3 中的 AAU 具有天线和 RRU 的功能。

在 D-RAN 的架构下，运营商仍然要承担巨大的成本，为了装配 BBU 和相关的配套设备(如电源、空调等)，运营商还需要租赁和建设大量的室内机房或方舱。于是，集中化无线接入网(Centralized RAN，C-RAN)应运而生。除此之外，C-RAN 中的 C 还有其他含义：集中化

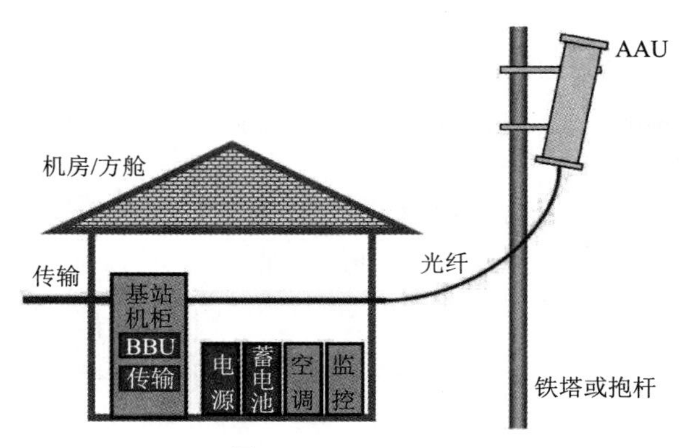


图 2.2.3　5G AAU

(Centralization)、云化(Cloud)、协作(Cooperation)、清洁(Clean)。

C-RAN 除了实现 RRU 拉远，还把 BBU 集中起来，形成 BBU 基带池，如图 2.2.4 所示。分散的 BBU 集中形成 BBU 基带池之后，功能变得更加强大，可以实现统一管理和调度，资源调配也变得更加灵活。

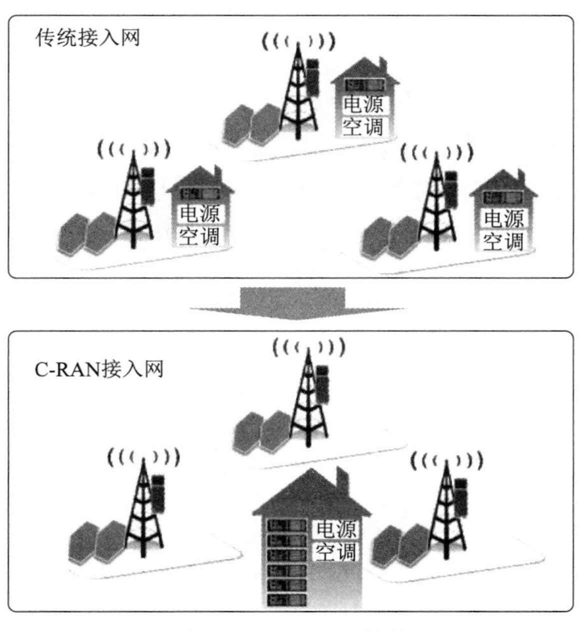


图 2.2.4　C-RAN 基站

通过集中化的方式，可以极大地减少基站机房数量，减少配套设备(特别是空调)的能耗。另外，拉远之后的 RRU 搭配天线，可以安装在离用户更近的位置。距离近了，所需的发射功率就降低了，这就意味着用户终端电池寿命将得到延长，无线接入网络功耗将得以降低。

在 C-RAN 下，基站实际上是“不见了”，实体基站被虚拟基站替代。虚拟基站在 BBU 基带池中共享用户的数据收发、信道质量等信息。强化的协作关系可以实现联合调度，小区之间的干扰也就变成了小区之间的多点协作(Coordinated Multiple Points，CoMP)，在大幅提高频谱使用效率的同时也提升了用户感知。CoMP 传输是指地理位置上分离的多个协作小区在相同的无线资源块发送数据到同一个 UE(用户设备)或联合接收一个终端发送的数据。

在 5G 网络中,无线接入网不再由 BBU、RRU、天馈系统等组成。为了更灵活地满足 5G 不同场景的需要,网络被拆开、细化了。5G 基站被重构为三个功能实体,即集中单元(Centralized Unit,CU)、分布单元(Distribute Unit,DU)和 AAU。4G 与 5G 接入网的对比如图 2.2.5 所示。

CU:原 BBU 的非实时部分被分割出来,重新定义为 CU,负责处理非实时协议服务。

DU:BBU 的剩余功能重新定义为 DU,负责处理物理层协议和实时服务。

AAU:BBU 的部分物理层处理功能与原 RRU 及无源天线合并为 AAU。

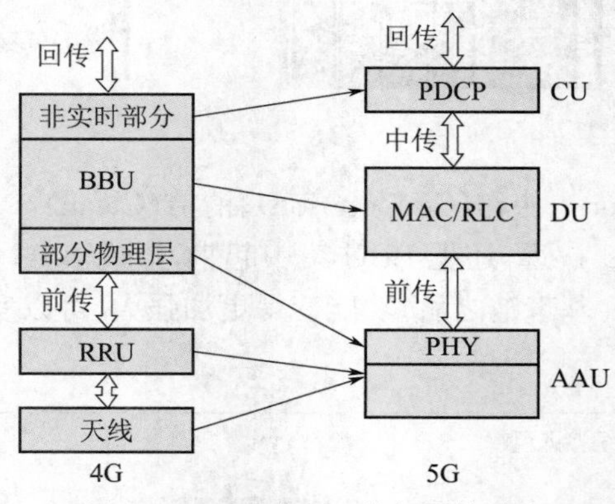


图 2.2.5　4G 与 5G 接入网的对比

依据 5G 提出的标准,CU、DU、AAU 可以采取分离或合设的方式,所以会出现多种网络部署方式。这些部署方式的选择,需要综合考虑多种因素,包括业务的传输需求(如带宽、时延等因素)、建设成本投入和维护难度等。图 2.2.6 中的几种网络部署方式具体为:

(1)与传统 4G 宏基站一致,CU 与 DU 共硬件部署,构成 BBU 单元。

(2)DU 部署在 4G BBU 机房,CU 集中部署。

(3)DU 集中部署,CU 更高层次集中。

(4)CU 与 DU 共站集中部署,类似 4G 的 C-RAN 方式。

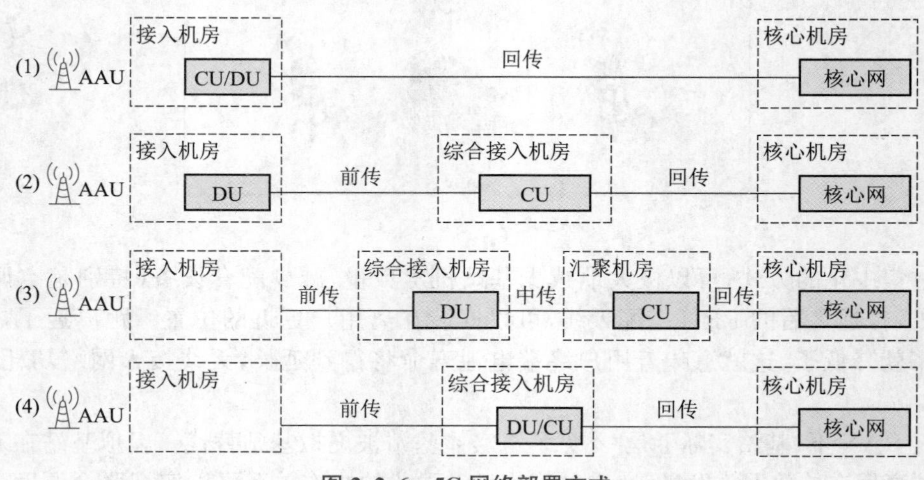


图 2.2.6　5G 网络部署方式

**2. 5G 基站设备配置**

5G 无线设备主要包括 CU、DU 和 AAU,其中 AAU 部分射频和天线合一。5G 建设中宏基站的典型配置为 1 个 BBU(CU 和 DU 合设)+3 个 AAU,室内安装 BBU 模块设备,室外安装 AAU 模块设备,中间采用光纤连接的工程建设方式,其供电方式为直流 48 V 电源分配盒供电。图 2.2.7 为 5G 宏基站安装设计示意图,本任务以该典型配置进行讲解。

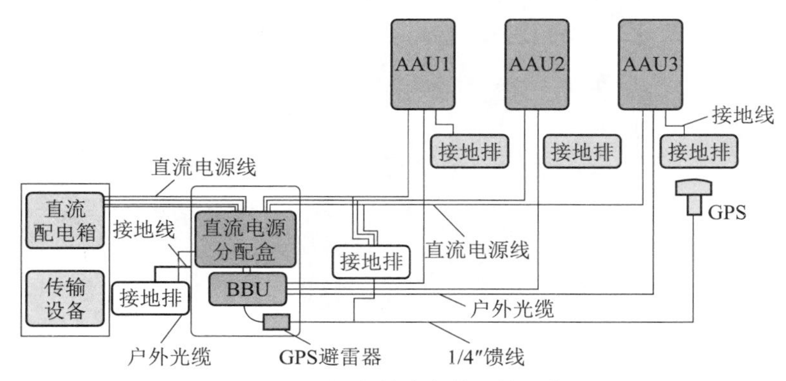


图 2.2.7 5G 宏基站安装设计示意图

配置清单如下:

(1)BBU 模块 1 个。

(2)AAU 模块 3 个。

(3)直流电源分配盒 1 个。

(4)室内 BBU 选用挂墙、集中柜、龙门架方式安装。

(5)室外 AAU 选用抱杆、铁塔或者楼顶安装。

其他说明:

(1)5G 基站电源需求。在 5G 基站 S1/1/1 配置情况下,单站典型功率为 3 100 W,单站峰值功率为 4 700 W。

(2)5G 传输需求。5G 前传带宽需求为 25 Gbit/s,采用 25G 光模块通过单模光纤进行传输,和目前 4G RRU 所使用的单模光缆通用,BBU 和 AAU 之间的拉远距离≤10 km。

(3)5G AAU 面积比传统设备有所下降,质量略有增加。5G AAU(64T/64R)的挡风面积约为 0.4 $m^2$,相比传统设备(天线+RRU)降低了 21%;质量约为 43 kg,相比传统设备增加了 27%。5G AAU 采用 64T/64R 天线阵列,相比传统 8T/8R 的 4G 天线,单通道的平均功耗虽然下降,但通道数量大幅度提升,AAU 功耗明显上升。

## 【知识链接 2】 5G 组网架构演进

5G 组网架构总体上可分为两大类,即独立组网(Stand Alone,SA)和非独立组网(Non-Stand Alone,NSA)。

NSA 是融合现有 4G 基站和网络架构部署的 5G 网络。因此,其建设速度非常快,直接利用 4G 基站加装 5G 基站,即可实现 5G 网络覆盖。但由于架构使用的还是 4G 网络架构,导致 5G 网络的海量物联网接入和低时延特性无法发挥。

SA 需要重新建设 5G 基站和后端 5G 网络,从而完全实现 5G 网络的所有特性和功能,但其建设成本相当高。从运营商的角度来看,SA 场景是 5G 网络的最终场景,而 NSA 只是过渡场景,后续将被 SA 场景替代。

SA 主要有两种组网方式,NSA 主要有八种组网方式,如图 2.2.8 所示。

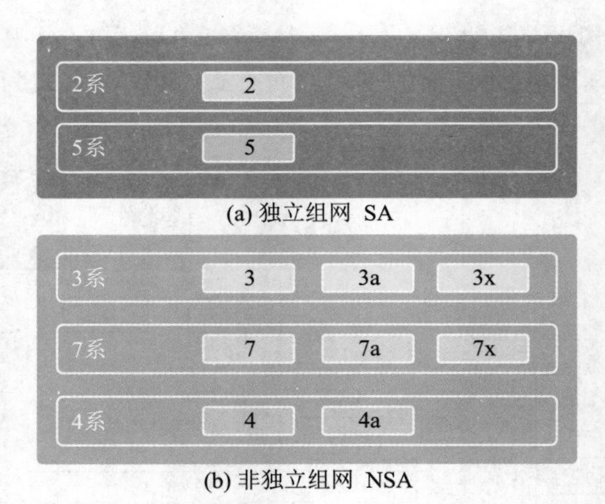

(a) 独立组网 SA
(b) 非独立组网 NSA

图 2.2.8 SA 和 NSA 组网方式

SA 模式下包括选项 2 和选项 5 两种方案，组网方式如图 2.2.9 所示。选项 2 组网方式是核心网和基站全部新建，是一些运营商的最优方案。把现有的 4G 基站升级为增强型 4G 基站，然后把它们接入 5G 核心网，这样既可以利旧又能够节省资金，这是选项 5 组网方式。

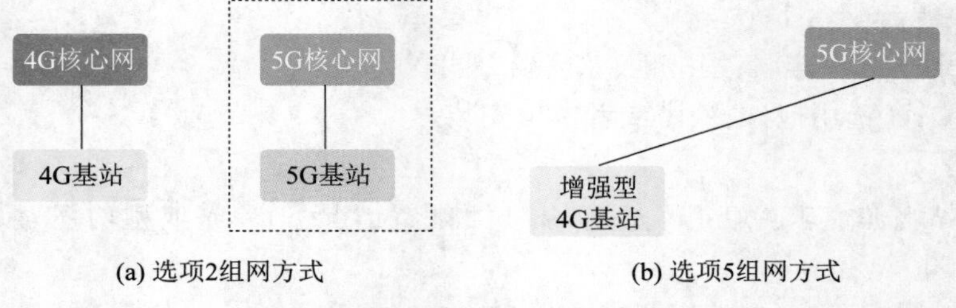

(a) 选项2组网方式 (b) 选项5组网方式

图 2.2.9 选项 2/5 组网方式

为了使投资效益最大化，稳步推进网络建设，多数运营商都会采用 NSA。由于 5G 核心网成本较高，因此选择先建 5G 基站。这种“4G 核心网＋4G/5G 基站”的方案属于典型的 3 系组网方式，包括选项 3、选项 3a、选项 3x，如图 2.2.10 所示。

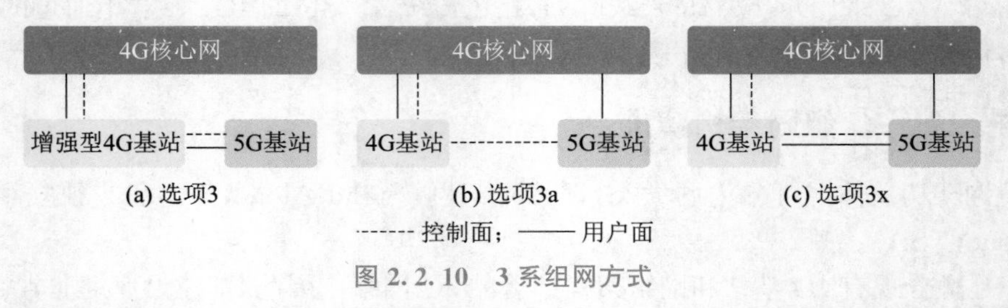

(a) 选项3 (b) 选项3a (c) 选项3x

------ 控制面；—— 用户面

图 2.2.10 3 系组网方式

5G 基站无法直接接入 4G 核心网，所以它会通过 4G 基站接入 4G 核心网。因为传统 4G 基站的处理能力有限，无法承载 5G＋4G 的集合和分流处理，所以需要进行硬件改造，将 4G 基站改造成增强型 4G 基站，这种组网方式就是选项 3，如图 2.2.10(a)所示。在不改造 4G 基站的前提下，还有两种解决方式。

(1)5G 基站的用户面直接连通 4G 核心网，控制面继续锚定于 4G 基站，这种方式为选项 3a，如图 2.2.10(b)所示。

(2)把用户面数据分为两部分，将其中会对 4G 基站造成瓶颈的部分迁移到 5G 基站，其余部分继续使用 4G 基站，这种方式为选项 3x，如图 2.2.10(c)所示。

3 系组网方式是目前国内外运营商使用最多的方式，原因有以下两点：

(1)利用原有 4G 基站，成本低。

(2)部署起来很快、很方便，有利于迅速推入市场，方便用户。

大部分运营商会选择先建 5G 基站，但也有运营商选择先建 5G 核心网，因为很多优质的 5G 体验必须基于 5G 核心网才能实现。

把 3 系组网方式里面的 4G 核心网替换成 5G 核心网，就是 7 系组网方式，如图 2.2.11 所示。需要注意的是，因为核心网是 5G 核心网，所以在 7 系组网方式下，4G 基站都需要升级成增强型 4G 基站。

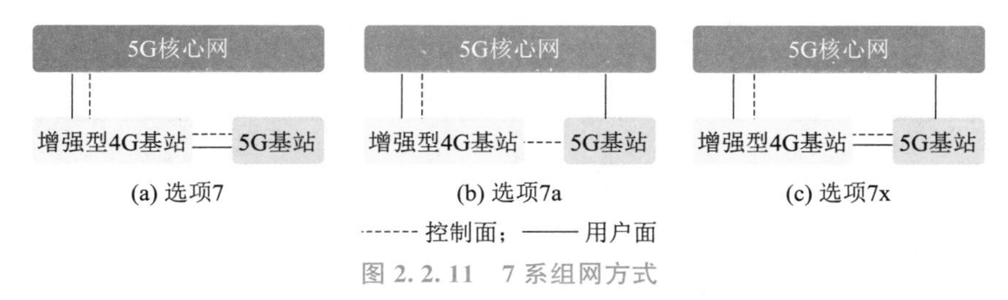


图 2.2.11　7 系组网方式

在 4 系组网方式里，4G 基站和 5G 基站共用 5G 核心网，5G 基站为主站，4G 基站为从站。选项 4 和选项 4a 唯一不同的是，选项 4 的用户面使用 5G 基站，选项 4a 的用户面直接连通 5G 核心网，如图 2.2.12 所示。

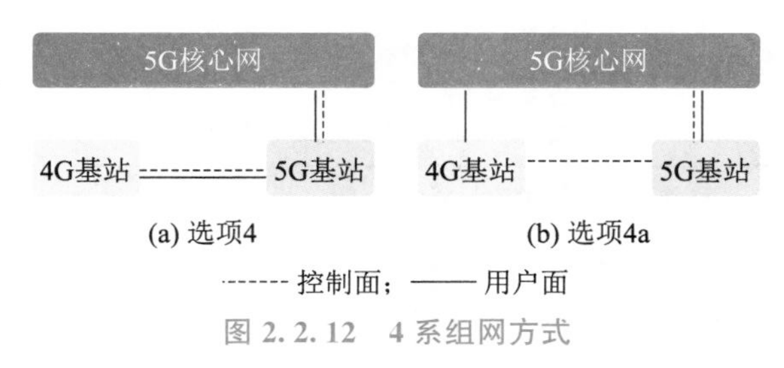


图 2.2.12　4 系组网方式

## 【技能实训】5G 基站设备认知

### 1. 实训目的及任务

通过对 5G 基站设备实物及配置原则的学习，对 5G 基站设备有整体的了解。

(1)现场参观 5G 移动通信基站机房。

(2)观察并记录 5G 基站设备的型号和结构。

(3)学习基站设备各单元模块的功能。

(4)观察 5G 系统基站硬件设备的安装和连接方法。

### 2. 实训设备

华为 5G 宏基站设备 1 套。

### 3. 实训内容

华为宏基站设备包括 BBU5900 和 AAU5619。BBU 的具体参数见表 2.2.1。

表 2.2.1 BBU5900 配置表

| 设备型号 | BBU5900 |
|---|---|
| 设备尺寸<br>（高×宽×长） | 86 mm×442 mm×310 mm |
| 电源 | DC −48 V；规格：1 100 W/UPEUe |
| 功耗 | 500 W |
| 安装机柜 | 室内 19 英寸标准机柜 |
| 风扇 | 散热能力 2 100 W |
| 槽位 | 槽位优先级如下：<br>主控：slot7>slot6。<br>基带：全宽 0>2>4；半宽 4>2>0>1>3>5。<br>电源：slot19> slot18 |

BBU5900 外观如图 2.2.13 所示，槽位横向排布如图 2.2.14 所示。

图 2.2.13 BBU5900 外观图

<table>
<tr><td rowspan="4">slot16<br>FANf</td><td>slot0 →</td><td>slot1</td><td rowspan="2">slot18<br>UPEUe</td></tr>
<tr><td>slot2</td><td>slot3</td></tr>
<tr><td>slot4</td><td>slot5</td><td rowspan="2">slot19<br>UPEUe</td></tr>
<tr><td>slot6(主控)</td><td>slot7(主控)</td></tr>
</table>

图 2.2.14 BBU5900 槽位分布示意图

BBU5900 必备单板介绍见表 2.2.2。

表 2.2.2 BBU5900 必备单板介绍

| 单 板 | 硬件类型 | 规 格 | 功 能 |
|---|---|---|---|
| 通用主控传输板（UMPT） | UMPTe3 | DL/UL 吞吐量（单板能力）：10 Gbit/s。<br>最大用户连接数：5G NR 5 400。<br>传输接口：2×FE/GE（电），2×10 GE（光） | 5G NR 主控板，支持 GPS& 北斗双模星卡，5G NR 场景配套 SRAN13.1 及以上版本，支持 LTE-FDD/LTE-TDD/NB-IoT/NR |
| 通用基带处理板（UBBP） | UBBPfw1 | 6 个 CPRI 接口，3 个 SFP 接口，最大接口速率 25 Gbit/s，3 个 QSFP 接口，最大接口速率 100 Gbit/s，1 个 HEI 互联口。<br>5GNR：3×100 MHz，64T/64R+3×20 MHz，4R | 5G NR 全宽基带板；实现 NR 基带信号处理功能；最大功耗 500 W |
| 通用电源环境接口单元（UPEU） | UPEUe | 输出功率：1 块、1 100 W；2 块、2 000 W（均流模式）。<br>双路电源输入，占用两个配电接口；支持 8 路干接点告警，2 路 RS-485 告警 | 电源和监控板：支持电源均流，把 DC −48 V 转换成 DC +12 V |
| 风扇模块（FAN） | FANf | 最大散热：2 100 W | BBU5900 中的风扇板 |

AAU5619 的具体参数见表 2.2.3。

表 2.2.3　AAU5619 配置表

| 设备型号 | AAU5619 |
|---|---|
| 设备尺寸（高×宽×长） | 965 mm×470 mm×195 mm |
| 频段 | 2.6G：2 515～2 675 MHz |
| 工作带宽 | 160 MHz |
| 质量 | 40 kg |
| TRX | 64T/64R |
| 振子数 | 192 |
| 功耗 | 典型功耗：850 W；最大功耗：1 050 W |
| 级联 | 不支持 |
| 发射功率 | 240 W |
| 接口 | 2×eCPRI |

AAU5619 外观如图 2.2.15 所示。

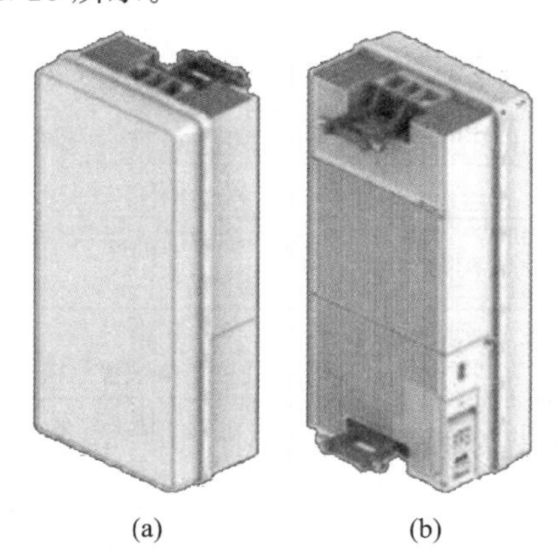

(a)　(b)

图 2.2.15　AAU5619 外观图

宏基站常见配置站点配置如图 2.2.16 所示。

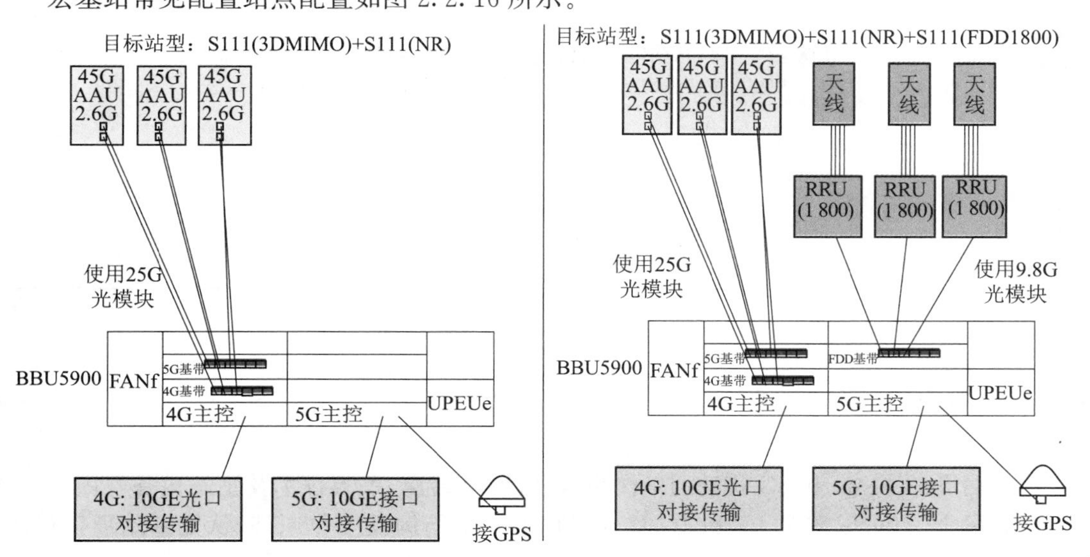


图 2.2.16　宏基站常见站点配置

## 【任务评价】

<table>
<tr><td>项目名称</td><td colspan="2"></td><td>任务名称</td><td></td></tr>
<tr><td>小组成员</td><td colspan="2"></td><td>综合评分</td><td></td></tr>
<tr><td rowspan="21">学生自评</td><td colspan="4">理论任务完成情况</td></tr>
<tr><td>序号</td><td>知识考核点</td><td>自评意见</td><td>自评结果</td></tr>
<tr><td>1</td><td>5G 无线接入网结构</td><td></td><td></td></tr>
<tr><td>2</td><td>5G 核心网结构</td><td></td><td></td></tr>
<tr><td>3</td><td>5G 组网架构</td><td></td><td></td></tr>
<tr><td colspan="4">训练任务完成情况</td></tr>
<tr><td>项目</td><td>内　容</td><td>评价标准</td><td>自评结果</td></tr>
<tr><td rowspan="2">训练准备</td><td>设备及备品</td><td>机具材料选择正确</td><td></td></tr>
<tr><td>人员组织</td><td>人员到位,分工明确</td><td></td></tr>
<tr><td rowspan="2">训练方法</td><td>训练方法及步骤</td><td>训练方法及步骤正确</td><td></td></tr>
<tr><td>操作过程</td><td>操作熟练</td><td></td></tr>
<tr><td rowspan="2">实训态度</td><td>参加实训操作积极性</td><td>积极参加实训操作</td><td></td></tr>
<tr><td>纪律遵守情况</td><td>严格遵守纪律</td><td></td></tr>
<tr><td rowspan="3">质量考核</td><td>基站设备的型号和结构认知</td><td>能正确描述 5G 基站设备的型号和结构组成</td><td></td></tr>
<tr><td>基站设备板卡配置原则及各板卡功能学习</td><td>绘制并提交基站设备简图,正确描述 BBU 板卡配置原则及各板卡功能</td><td></td></tr>
<tr><td>基站硬件设备的安装和连接</td><td>正确描述基站硬件设备的安装和连接方法</td><td></td></tr>
<tr><td rowspan="2">安全考核</td><td>安全操作</td><td>按照安全操作流程进行操作</td><td></td></tr>
<tr><td>考核训练后现场整理</td><td>机具材料复位,现场整洁</td><td></td></tr>
<tr><td colspan="4">(根据个人实际情况选择:A. 能够完成;B. 基本能完成;C. 不能完成)</td></tr>
<tr><td colspan="4"></td></tr>
<tr><td colspan="4"></td></tr>
<tr><td>学习小组评价</td><td colspan="4">团队合作□ 学习效率□ 获取信息能力□ 交流沟通能力□ 动手操作能力□<br>(根据完成任务情况填写:A. 优秀;B. 良好;C. 合格;D. 有待改进)</td></tr>
<tr><td>老师评价</td><td colspan="4"></td></tr>
</table>

## 项目小结

本项目介绍了 4G 和 5G 移动通信网络,包含网络结构、关键技术及基站设备等内容。通过本项目的学习,可以掌握 4G 和 5G 移动通信的网络结构及工作原理,认知基站通信设备,为后续学习基站设备的安装施工打下基础。

## 思考与练习

1. 简述 MIMO 技术的主要原理。
2. LTE 中核心网演进方向是什么？
3. eNodeB 基站中 BBU 和 RRU 之间通过什么连接？
4. 5G 无线设备主要包括哪些？其中哪部分射频和天线合一？
5. 5G 现行组网的两种主要方式是什么？

# 项目 3 基站工程勘察与绘图

## 项目导图

- 基站工程勘察与绘图
  - 任务1 站点勘察
    - 【知识链接1】常见基站建设方式
    - 【知识链接2】基站勘察工作及要求
    - 【技能实训】站点选择和勘察
  - 任务2 基站绘图
    - 【知识链接1】基站工程设计图纸内容
    - 【知识链接2】基站工程设计绘图规范及其要求
    - 【技能实训】基站工程图纸设计

## 学习目标

**【素养目标】**

1. 培养查阅规范、标准化作业的习惯。
2. 培养务实肯干、坚持不懈、精益求精的工匠精神。
3. 培养沟通和交流能力，具有团队协作意识，善于总结经验。

**【知识目标】**

1. 熟悉基站的常见建设方式。
2. 掌握基站勘察规范、勘察操作要点。
3. 掌握图纸的绘制内容和绘图要点。

**【能力目标】**

1. 掌握站点勘察的方法及勘察工具的使用，能正确填写“勘察记录单”。
2. 能正确判断所选站点是否适合建站，给出工程施工建议。
3. 能够根据勘察结果进行基站绘图。

# 任务1　站点勘察

## 【任务引入】

网络规划阶段会对站点完成初始布局，初始布局就是在地图上初步定下站点的大概位置，下一步进行站点勘察。勘察是通信工程中的重要环节，勘察人员到现场对机房和天面进行实地查勘，对站址的合理性进行确认。通过现场查勘获取到现场参数后，便可结合具体的项目要求对基站展开设计工作。那么，勘察具体需要做哪些工作呢？

本任务介绍常见基站的建设方式及基站勘察工作要求，通过仿真实训练习站点勘察的方法及勘察工具的使用。

## 【任务单】

| 任务名称 | 站点勘察 | 建议课时 | 4 |
|---|---|---|---|
| 任务内容：<br>1. 熟知常见的基站建设方式。<br>2. 掌握站点勘察的方法及勘察工具的使用 | | | |
| 任务设计：<br>1. 通过图片及老师引导学习现网基站建设的主要方式。<br>2. 通过观看视频及老师引导学习基站勘察规范、基站勘察的操作要点。<br>3. 技能实训：分组完成“站点选择和勘察”仿真实训任务 | | | |
| 建议学习方法 | 老师讲解、分组合作、仿真实训 | 学习地点 | 实训室 |

## 【知识链接1】　常见基站建设方式

### 1. 基站建设方式分类

传统的基站建设方式一般分为新建基站和共址基站。新建基站是根据网络规划的结果，在指定的某块区域内通过租用、购买或自建的方式，获得全新的通信机房，并在此通信机房内安装通信设备和配套设施，实现通信基站从无到有的过程。在传统基站建设的过程中，另外一种常见的建设方式为共址基站建设，即在原有通信机房中新增网络无线主设备，两个或多个网络共用同一机房。由于存在机房选址困难、人为干扰影响过大等因素，现在的通信基站建设大部分采用共址基站建设方式。

BBU＋RRU分布式基站建设方式的出现丰富了基站的建设类型。由于机房和天面的分离，现在还出现了共机房共天面、共机房不共天面、不共机房共天面等基站建设方式。其中，共机房共天面是指新通信网络和原网络的BBU安装在同一机房，RRU及天线（或AAU）也和原有的天面系统安装在同一地理位置。共机房不共天面是指新通信网络和原网络的BBU安装在同一机房，但天面系统则完全新建，这种建设模式在5G网络中占据很高的比例。不共机房共天面是指新通信网络和原网络的BBU不安装在同一机房，但是新通信网络的RRU及天线（或AAU）和原有的天面系统安装在同一地理位置。

由于各运营商此前已建设了大量的通信基站，所以现在工程中采用共址基站建设方式的比例比较高，但在某些区域内仍然存在通信信号的覆盖盲区，因此在这些区域内只能通过新增通信机房、安装通信设备等手段，才能解决盲区内的通信信号覆盖问题。

**2. 设备利旧**

站点勘察及建设的时候需要考虑利旧信息，利用一些原有设备既可以加快工程进度且节省成本，又能提高原有设备资源的利用率，在满足建设要求的情况下，尽量多考虑利用原有设备。

设备利旧一般分为机房利旧、塔桅利旧、接地利旧、电源及防护利旧、传输利旧、基带设备利旧、天馈利旧等。勘察时可以根据建设要求，考虑如何使用利旧设备与新建设备相结合，在节省建设成本的情况下加快工程进展。

## 【知识链接 2】 基站勘察工作及要求

任何工程在设计之前，必须要到达现场进行实地勘察。基站勘察是指勘察工程师对实际的通信信号传播环境进行实地勘测和观察，并进行数据采集、记录和确认的工作。无线基站勘察的主要目的是获得天线传播环境情况和天线安装环境情况，以及其他站内系统情况，以保证在现有基础上做出下一步的规划和安排。

工程现场勘察工作中做到收集资料齐全、数据准确、真实性强、内容细致，并在现场勘察工作结束后，及时与建设单位沟通，详细了解建设单位的需求，才能确保工程设计文件对工程建设的实际指导作用。将现场勘察到的各种建站条件(包括电源、传输、电磁背景、征地情况等)及站址信息记录下来，再综合其偏离理想站址的范围，对将来小区分裂的影响、经济效益、覆盖区预测等各方面进行考虑，得出合适的建设方案，并取得基站工程设计中所需要的数据。

勘察前，勘察人员需要提前做好相应的准备工作。

**1. 勘察准备**

(1)勘察设备

常用勘察设备见表 3.1.1。

**表 3.1.1 常用勘察设备**

| 功能类别 | 导航类 | 测试类 | 制图类 | 记录类 |
|---|---|---|---|---|
| 设备名称 | 地图、智能手机 | 网络测试专用手机、GPS 手持机、卷尺、指南针(罗盘)、激光测距仪(可选) | 绘图笔、绘图本 | 便携式数码相机、智能手机、便携式计算机(可选)、勘察记录表 |

①地图一般指电子地图，如谷歌地图、百度地图、高德地图等，主要用于规划路线、导航、查看站点分布情况。

②便携式数码相机(可使用高像素手机代替)，主要用于拍照、采集勘察现场情况。

③GPS 手持机，如图 3.1.1 所示，主要用于测量机房、天面的经纬度和海拔高度。

④网络测试专用手机，主要用于测试勘察现场各种网络的信号强度，目前的测试手机外观与普通移动用户使用手机终端外观基本无差别。

⑤指南针，主要用于测量角度，一般用于测量基站扇区的方位角和指示拍照位置，有一些指南针还有测试天线下倾角的功能，如图 3.1.2 所示。

⑥卷尺如图 3.1.3 所示(最好是 10 m 钢制卷尺)，主要用于测量机房面积、设备间距离。

⑦勘察记录表(项目组要求的勘察记录表格，包括但不限于表 3.1.2 中的内容)，用于记录现场数据。勘察内容包括无线、传输、电源、天面、管道等。

图 3.1.1　GPS 手持机

图 3.1.2　指南针

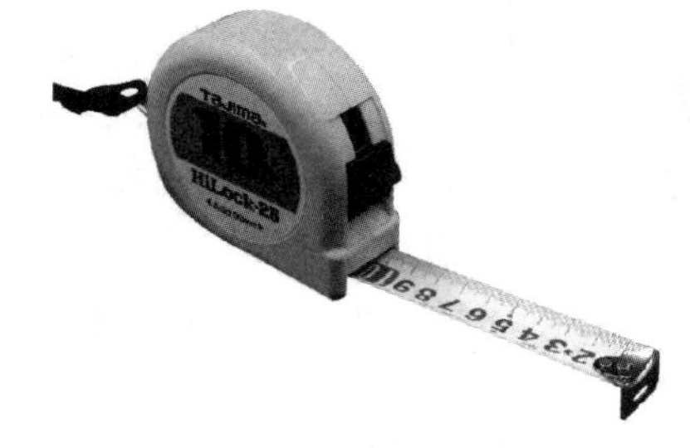

图 3.1.3　10 m 钢制卷尺

表 3.1.2　勘察记录表

| 站　　名 | | 站点属性： |
|---|---|---|
| 配套情况 | 用户： | 是否为敏感站点： |
| | 地址： | 选址单位： |
| | 天馈： | 机房来源： |
| | 电力接入： | 防雷： |
| | 周边环境： | |
| | 注意事项： | |
| | 用户要求： | |
| 传　　输 | 周边是否有公司资源：____管道；____架空光缆 | |
| | 周边是否有其他资源：____管道；____架空光缆 | |
| | 管道施工条件： | |
| | 建议接入方式：____管道；____架空光缆 | |
| | 是否需要微波： | |
| 无　　线 | 实际高度： | 周边建筑： |
| | 覆盖方向：C1：　　C2：　　C3： | 遮挡情况： |
| 勘察人员签字：<br>运营商：　　　　监理：　　　　设计院：<br>土建：　　　　电力：　　　　防雷： | | |
| 勘察日期： | | |

⑧绘图笔(建设配置多种颜色的绘图笔),用于绘制现场图或设计草图。为了方便修改,一般情况下使用铅笔进行绘制,但由于通信机房内设备较多,所以会配置多种颜色的绘图笔。

⑨绘图本,用于绘制现场设计草图,项目结束后作为项目资料进行保存。

⑩智能手机或便携式计算机(可选),在勘察阶段主要用于查看站点分布情况、查询原有机房信息、查阅工程资料。

⑪激光测距仪(可选),如图 3.1.4 所示,用于利用光的传播特性测量距离,可使用卷尺替代。

图 3.1.4　激光测距仪

(2)其他工具

在郊区和农村地区,由于通信基站往往都修建在海拔较高的山上,勘察人员经常会进入人烟稀少的丛林地区,还有可能遇到刮风、下雨等恶劣天气。为保证人身安全,勘察人员外出时还应携带手电筒、雨伞、雨衣、高筒牛皮靴、橡胶雨靴,以及各种应急药品等。

(3)注意事项

在勘察过程中,勘察人员还应注意以下问题。

①勘察前召开协调会:项目负责人、勘察人员与甲方就勘察分组、勘察进程、车辆和甲方陪同人员安排等问题进行沟通,统一各方思想,共同制定勘察计划,合理安排勘察路线,合理分配资源。

②勘察过程中如对配套清单、网络规划方案等内容有疑问,应及时与相关人员沟通;发现配套清单中有关配置、工程材料等方面的问题,应及时与工程项目负责人联系。

③勘察内容、设计方案(设备、天馈安装草图)、新增设备安装位置等信息需现场与甲方沟通确认。

④严禁触动机房原有设备,特别是运行中设备;严禁触动其他不相关设备,同时注意保持环境整洁。

⑤勘察人员须提前准备次日勘察所需要的工具、材料,确保次日勘察工作顺利进行。

⑥勘察人员当日必须整理当日勘察资料,将当日资料进行汇总,并填写勘察报告,确保各种勘察资料的准确性(如照片名称等),并将勘察后采集的信息提交至管理平台。

⑦完成勘察后需要求甲方运维部经理签字确认勘察成果,并在工程设计查勘结果确认表中完善本次勘察的相关信息。

**2. 新建基站勘察**

(1)机房选址

在新建基站之前,运营商或铁塔公司需要首先获取用于安装通信设备的房间。这类房间的来源主要有自建、购置和租用几种方式。因为要充分考虑网络的长期发展计划,提前在机房中做好布局规划,所以在现场条件满足的情况下,运营商一般会选择自建机房。此外,自建机房也更加符合国家和行业对于通信机房的要求。此类机房一般常见于核心机房、汇聚机房,以及站址附近土地资源较为充足的无线机房。自建机房的种类较多,常见规格主要有 5 m×4 m、4 m×3 m 和 3 m×3 m。同时,自建机房还可采用活动板房的形式,常见规格有 5 m×4 m 和 5 m×3 m,而在城区,由于土地资源紧张,运营商很少能在网络规划范围内寻找到适合建设机房的场地。这种情况下,购置和租用成为机房的主要来源。在购置和租用机房时,一定要保证所选机房的布局、结构、承重等符合国家和行业的相关规定。

通信机房是通信系统的核心,通信机房的工程质量直接影响整个通信系统的稳定性和可靠性。因此,通信机房的选址应首先满足通信网络规划和通信技术的要求,并结合水文、地质、交通、城市规划等因素进行综合比较后选定。在机房选址时还应注意以下问题。

①参照附近基站的业务分布情况,对需覆盖区域进行业务量的分布预测,将基站设置在真正有业务需求的地点。

②新建机房宜选择在待覆盖区域的中心位置,避免主要业务区处于小区边沿。

③基站站址在目标覆盖区内尽可能以蜂窝状规则分布,以利于优化。

④组网方式上以宏基站为基础，微基站、射频拉远、直放站及室内外分布系统作为有力补充。

⑤主要业务区域内的基站应当按照高负荷目标进行配置，机架数量、天线数量、开关电源容量和蓄电池容量都应以高标准进行配备，保证站址相对稳定，尽量避免将基站选择在待拆迁区域内。

⑥应综合考虑广播电视系统、非本运营商的移动通信系统等其他干扰因素，当修建位置出现其他有干扰的通信系统时，需要保证系统间的空间隔离，选定地址前应测试覆盖效果或测试目标位置周围其他运营商的信号覆盖情况以做参考。

⑦基站站址不宜选择在易燃、易爆建筑物场所附近，如加油站、加气站等处。

⑧基站站址不宜选择在生产过程中会散发有害气体，多烟雾、粉尘、有害物质的工业企业附近。

⑨基站站址宜选择在地形平坦、地质良好的地段，应避开断层、地坡边缘和有可能产生坍塌、滑坡或具有开采价值的地下矿藏、古迹遗址等的地方，还应选择在不易受洪水淹灌的地区。

(2)机房勘察要求

相对于共址基站而言，由于机房中还未安装任何通信设备，所以新建基站的勘察内容相对较少，但勘察人员同样也需要详细采集现场条件，主要包括：

①机房经纬度、海拔高度。

②机房的详细地址，进入机房所需的相关指引信息。

③机房所在建筑物详细信息，机房所在楼层。

④机房的来源为自建、购置还是租用。

⑤机房周边建筑物分布情况、道路信息。

⑥机房的结构平面图，并标出详细尺寸。

⑦建设方要求的平面布局结构图。

⑧房间高度、下悬主梁高度及宽度、下悬次梁高度及宽度。

⑨门、窗宽度及高度。

**3. 共址基站勘察**

在进行基站勘察之前，首先需要取得运营商主管部门的同意，填写“基站机房勘察审批表”并递交至运营商主管部门。待主管部门允许之后，便可与运维部门配合人员一起进站勘察。共址基站的勘察分为两个部分，第一部分为机房勘察，第二部分为天面勘察。

(1)机房勘察

机房勘察的基本流程如下：

①进入机房前，在“共址基站勘察记录表”中记录所选站址建筑物的地址信息。

②进入机房后，在“共址基站勘察记录表”中记录建筑物的总层数、机房所在楼层，并结合室外天面草图画出建筑内机房所在位置的侧视图。

③在机房草图中标注机房的指北方向，机房长、宽、高(梁下净高)，门、窗、立柱和主梁等的位置和尺寸，以及其他非通信设备物体的位置、尺寸。

④机房内设备区查勘。根据机房内现有设备的摆放图、走线图，在机房草图中标注原有、

本期新建设备(含蓄电池等)摆放位置。若本期工程要在机房中新增设备,需要粘贴点位标签。

⑤确定机房内走线架、馈线窗的位置和高度,在机房草图中标注馈线窗位置尺寸、馈线孔使用情况。

⑥在机房草图中标注原有、新建走线架的离地高度,走线架的路由,统计需新增或利旧走线架的长度。

⑦了解机房内交流、直流供电的情况,对于共址机房,在“共址基站勘察记录表”中记录开关电源整流模块、空气开关、熔丝等使用情况,判断是否需要新增,如果需要新增,则做好占用标记,拍照存档。

⑧了解机房内蓄电池、不间断电源(UPS)、空调、通风系统的情况,对于已有机房在“共址基站勘察记录表”中记录这些设备的参数,判断是否需要新增或替换,并现场拍照存档。

⑨了解传输系统情况,对于已有基站,需了解现有基站的传输情况,包括传输的方式、容量、路由情况等。

⑩确定机房接地情况,对于租用机房,尽可能了解租用机房的接地点信息,在机房草图中标注室内接地排的安装位置、接地母线的接地位置、接地母线的长度。

⑪从不同角度拍摄机房照片,记录馈线窗、封洞板、室内接地排、走线架、馈线路由、原有设备和预安装设备等的位置。

(2)天面勘察

针对共址基站的天面勘察,其勘察过程如下:

①确定增加天线小区的覆盖区域,记录各个扇区覆盖方向的环境(地形、地物、地貌)。

②记录各个扇区覆盖方向上其他障碍物的阻挡情况。

③记录原有天线安装方式、天线类型、天线数量,同时记录天面上其他运营商的天线安装情况。如果此天面需要安装美化外罩,还需要考虑美化天线罩的使用。

④记录原有铁桅情况,包括铁塔类型、塔高、平台数量等参数。

⑤记录原有增高架情况,包括增高架类型、高度等参数。

⑥记录原有抱杆情况,包括抱杆高度、安装方式等参数。

⑦记录本期天线安装位置、安装方式、天线选型、天线改造情况、天线挂高、天线方向角及与其他天线的隔离。

⑧记录 GPS 安装位置。

⑨记录原有室外走线架位置,确定是否需要新增走线架或走线槽,记录新增走线架或走线槽的位置并测量长度。

⑩依照要求,绘制室外天馈草图,包括塔桅位置、馈线路由(室外走线架及爬梯)、共址塔桅、主要障碍物等,尺寸尽可能详细、精确。若屋顶有其他障碍物(如楼梯间、水箱、太阳能热水器、女儿墙等),也应将其绘制到勘察草图中,并详细记录这些物体的位置及尺寸(含高度信息),同时还应记录房屋大梁或承重墙的位置、机房的相对位置等。

⑪拍摄基站天线所在建筑照片、天面照片(原天线位置、新增天线安装位置)、周围环境照片(以正北 0°为起始角,每隔 45°拍摄一张照片,记录天面四方环境),同时单独拍摄三个主要覆盖区域的照片。

在完成上述勘察任务的过程中，需要根据现场实际情况将数据记录在“共址基站勘察记录表”中，见表 3.1.3。各地运营商对勘察记录表要求的表现形式略有不同，但勘察相关信息需求大同小异。

表 3.1.3 共址基站勘察记录表

<table>
<tr><td colspan="6">站点信息</td></tr>
<tr><td colspan="2">站点名称</td><td colspan="2"></td><td>详细地址</td><td></td></tr>
<tr><td>经　　度</td><td></td><td>纬　　度</td><td></td><td>海拔高度</td><td></td></tr>
<tr><td>机房名称</td><td></td><td>塔桅类型</td><td></td><td>用电类型</td><td></td></tr>
<tr><td colspan="3">机房所在层数/房屋总层数/层高</td><td></td><td>走线架距地</td><td></td></tr>
<tr><td colspan="6">交流箱厂家/数量/端子：</td></tr>
<tr><td colspan="6">开关电源厂家/数量/模块/端子：</td></tr>
<tr><td colspan="6">蓄电池厂家/数量/容量/年限：</td></tr>
<tr><td>接地排情况</td><td colspan="2"></td><td>馈线窗情况</td><td colspan="2"></td></tr>
<tr><td colspan="6">其他运营商/网络信息</td></tr>
<tr><td>运营商</td><td>网络类型</td><td>机柜类型</td><td>配　　置</td><td colspan="2">数　　量</td></tr>
<tr><td></td><td></td><td></td><td></td><td colspan="2"></td></tr>
<tr><td colspan="6">天面信息</td></tr>
<tr><td>类　　别</td><td colspan="5">A | B | C |</td></tr>
<tr><td>天线数/挂高</td><td colspan="5">/ / /</td></tr>
<tr><td>方向角/下倾角</td><td colspan="5">/ / /</td></tr>
<tr><td>已有天线类型/数量</td><td></td><td></td><td>天线支架</td><td colspan="2"></td></tr>
<tr><td>新增天线类型/数量</td><td></td><td></td><td>新增支架</td><td colspan="2"></td></tr>
<tr><td colspan="6">规格描述/mm</td></tr>
<tr><td>类　　别</td><td>高</td><td>宽</td><td>深</td><td colspan="2">备注(类型及使用情况)</td></tr>
<tr><td>1. 无线设备</td><td></td><td></td><td></td><td colspan="2"></td></tr>
<tr><td>2. 配电箱/屏</td><td></td><td></td><td></td><td colspan="2"></td></tr>
<tr><td>3. 开关电源</td><td></td><td></td><td></td><td colspan="2"></td></tr>
<tr><td>4. 蓄电池</td><td></td><td></td><td></td><td colspan="2"></td></tr>
<tr><td>5. 传输设备</td><td></td><td></td><td></td><td colspan="2"></td></tr>
<tr><td>6. 综合柜</td><td></td><td></td><td></td><td colspan="2"></td></tr>
<tr><td>7. 空调</td><td></td><td></td><td></td><td colspan="2"></td></tr>
<tr><td>8. 其他</td><td></td><td></td><td></td><td colspan="2"></td></tr>
<tr><td colspan="6">基本工程量信息</td></tr>
<tr><td>新增馈线窗</td><td></td><td>新增接地排</td><td></td><td>新增开关电源模块</td><td></td></tr>
<tr><td>新增无线机柜</td><td></td><td>新增传输机柜</td><td></td><td>新增室内走线架</td><td></td></tr>
<tr><td colspan="2">新增馈线(S1/S2/S3)</td><td colspan="2">/ / /</td><td>新增室外走线架</td><td></td></tr>
<tr><td colspan="3">勘察人员：<br>日期：</td><td colspan="3">陪同人员：<br>日期：</td></tr>
</table>

扫一扫

3.1.1 仿真—站点选择和勘察

## 【技能实训】站点选择和勘察

### 1. 实训内容

在“5G站点工程建设”仿真软件中，根据前期工程规划数据，在一密集市区进行站点选址，站点类型为新建宏基站，并完成无线基站勘察报告。

### 2. 实训环境及设备

装有IUV“5G站点工程建设”仿真软件的计算机一台。

### 3. 实训步骤及注意事项

步骤1：新建工程。登录IUV“5G站点工程建设”仿真软件，选择新建工程，新建存档路径后，即可进入四大建站方式界面，选择“新建宏站”即可切换场景，操作如图3.1.5所示。

通过建站方式的切换，页面出现“关于建设5G宏站站点的通知”，阅读此条例后单击“收到”按钮，即可切换界面，操作如图3.1.6所示。

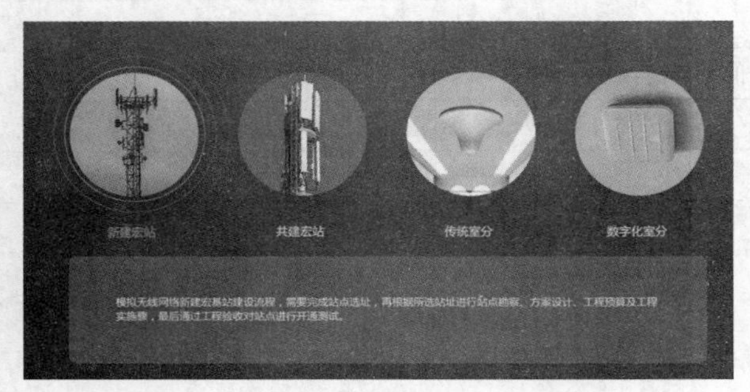


图3.1.5 四大建站方式

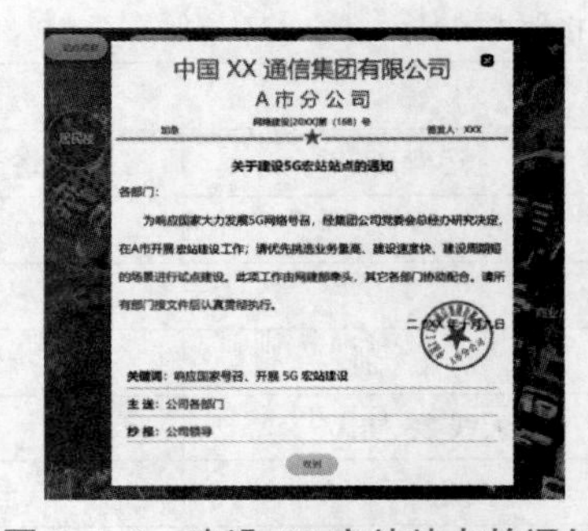


图3.1.6 建设5G宏站站点的通知

步骤2：站点选址。通过单击“收到”按钮切换界面，正式进入居民楼、酒店、写字楼、住宅小区、商业广场五大场景，选择其中一个场景进入。以商业广场为例进行任务实施，操作如图3.1.7所示。

图3.1.7 五大场景

选择“商业广场”进入之后，可以看到“商业广场”的具体场景，以及场景下的各类提示信息，根据提示信息判断该场景是否可以建站。从商业广场场景提供的信息来看，要考虑不仅适合建站，而且还不会引起投诉等，如图 3.1.8 所示。按照软件仿真模拟情境，经综合考虑，可选择商业广场作为建站点。

图 3.1.8　具体场景提示信息

步骤 3：摸底测试。单击商业广场场景页面右下角的“进入摸底测试”按钮进入摸底测试界面，摸底测试需要选择对应的测试网络和测试设备。其中对 5G 室外宏基站建设进行摸底测试的网络为 5GNR，测试设备有笔记本电脑、USB 接口 GPS、5G 全网通手机和 5G 全网通 SIM 卡。选择对应测试网络和测试设备后，单击“开始摸底测试”按钮，如图 3.1.9 所示，进入到商业广场平面示意图，如图 3.1.10 所示，可查看商业广场的布局等信息，单击“确定在此建站”。

图 3.1.9　建站摸底测试

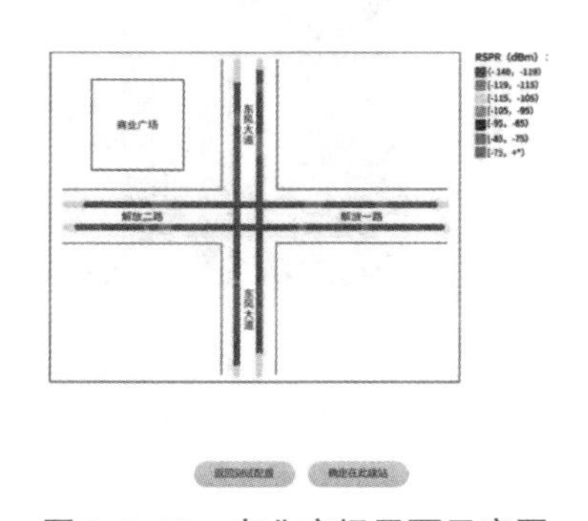


图 3.1.10　商业广场平面示意图

步骤 4：工程规划。工程规划主要包括覆盖半径、覆盖区域、天线高度、规划频段等信息。

工程规划有两种模式可以选择，当选择“默认”时，规划中的参数保持默认状态；当选择“自定义”时，规划中的参数可以自定义修改。例如：规划频段，可以定义为 3 500 MHz，此处修改后一定要和站点勘察中的参数保持一致，如图 3.1.11 所示。完成后单击“确定”按钮，进入站点勘察界面后可以再次打开工程规划，此处的工程规划只能查看不能修改，如图 3.1.12 所示。

步骤 5：站点勘察。进入站点勘察界面，在界面左侧的“无线基站勘察报告(新建宏站)”中填写勘察信息。

(1)基本勘察。用鼠标单击楼顶机房上的信息点，位置如图 3.1.13 所示，根据显示信息依次填写规划站名、实际站名、行政归属及详细地址、楼层及层高等信息。

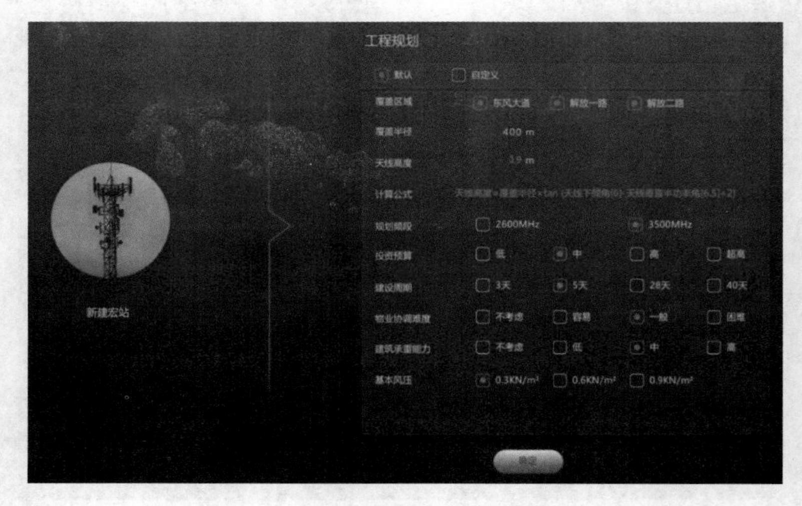


图 3.1.11　工程规划(可修改)

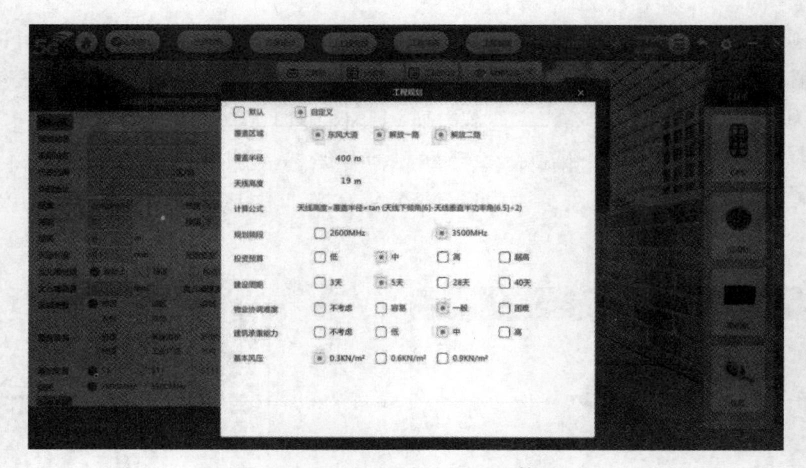


图 3.1.12　工程规划(不可修改)

(2)地理信息勘察。选择站点勘察界面右侧的工具箱中的 GPS,然后单击机房旁边的一处测量点,即可显示当前测量点的经纬度及海拔高度信息,如图 3.1.14 所示,读取数值并填入无线基站勘察报告。

图 3.1.13　基本信息勘察

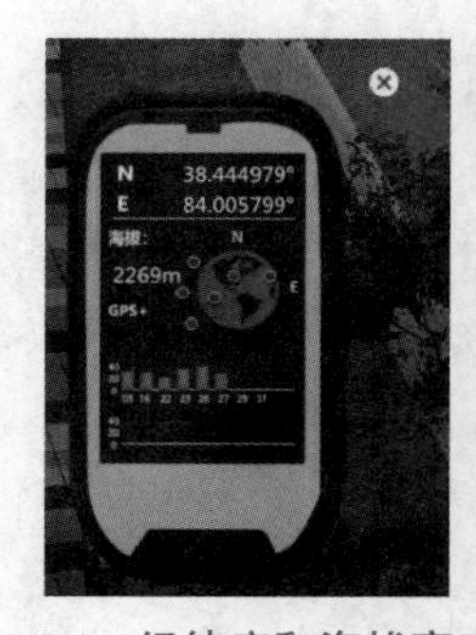


图 3.1.14　经纬度和海拔高度测量

(3)天面信息测量。单击工具箱中的激光测距仪，再分别拖至图 3.1.15 中的两个绿色测量点，测得天面长度和天面宽度，填入“无线基站勘察报告(新建宏站)”。

(4)女儿墙信息测量。选择女儿墙材质，单击工具箱中的卷尺拖至图 3.1.16 中两个测量点，测得女儿墙高度和厚度，填入“无线基站勘察报告(新建宏站)”。

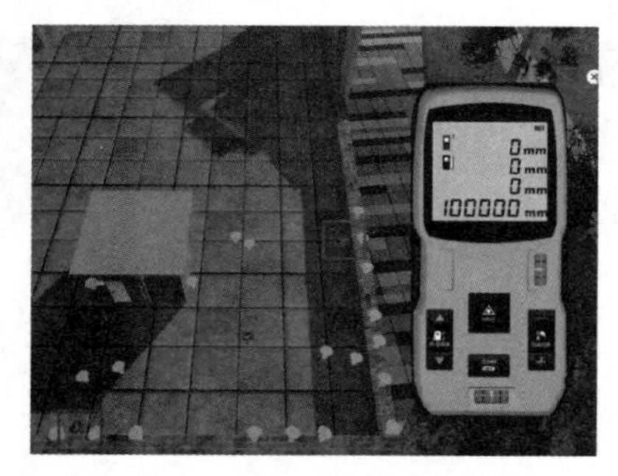

图 3.1.15　天面长度和宽度测量

图 3.1.16　女儿墙高度和厚度测量

(5)填写“无线基站勘察报告(新建宏站)”的基本信息。选择无线基站勘察报告中区域类型，单击界面右上角“工程规划”按钮，可查看前期的工程规划数据，如图 3.1.12 所示。根据规划数据在“无线基站勘察报告(新建宏站)”中填写覆盖场景、基站配置及频段信息。基本信息勘察结果如图 3.1.17 所示。

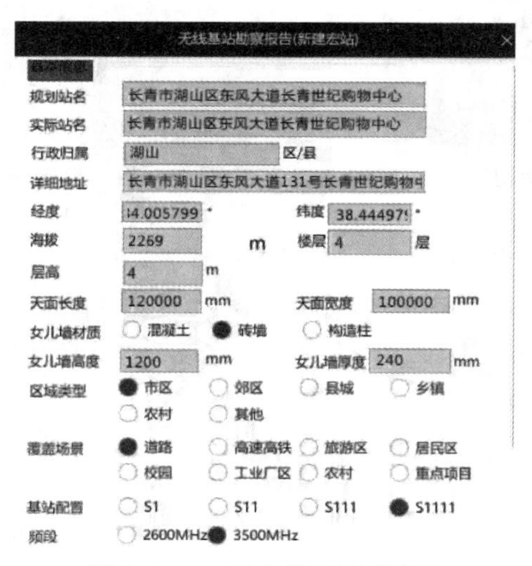

无线基站勘察报告(新建宏站)

规划站名：长青市湖山区东风大道长青世纪购物中心
实际站名：长青市湖山区东风大道长青世纪购物中心
行政归属：湖山 区/县
详细地址：长青市湖山区东风大道131号长青世纪购物中
经度：i4.005799 °　纬度：38.44497! °
海拔：2269 m　楼层：4 层
层高：4 m
天面长度：120000 mm　天面宽度：100000 mm
女儿墙材质：○混凝土 ●砖墙 ○构造柱
女儿墙高度：1200 mm　女儿墙厚度：240 mm
区域类型：●市区 ○郊区 ○县城 ○乡镇 ○农村 ○其他
覆盖场景：●道路 ○高速高铁 ○旅游区 ○居民区 ○校园 ○工业厂区 ○农村 ○重点项目
基站配置：○S1 ○S11 ○S111 ●S1111
频段：○2600MHz ●3500MHz

图 3.1.17　基本信息勘察结果

(6)电源系统勘察。单击图 3.1.18 中测量点查看市电引入点、引入类型及引入距离等信息，填入“无线基站勘察报告(新建宏站)”。

(7)传输情况勘察。单击图 3.1.19 中测量点查看传输上游机房及传输引入距离等信息，填入“无线基站勘察报告(新建宏站)”。

(8)机房信息勘察。选择机房类型和所在楼层。如图 3.1.20 所示，在视角切换选项中选择“室内全景视角”，进入机房内部。单击工具箱中“激光测距仪”，根据提示依次拖至图 3.1.21 中相应测量点进行测量，读取机房长度、宽度、高度等数值，填入“无线基站勘察报告(新建宏站)”。

图 3.1.18　电源系统勘察

图 3.1.19　传输情况勘察

图 3.1.20　视角切换

图 3.1.21　机房长度、宽度、高度测量

(9)塔桅信息勘察。单击界面右上角“工程规划”按钮，由于场景为商业广场，塔桅类型选择美化方柱。根据工程规划数据中天线高度 19 m 及当前楼高为 16 m(已知楼层共 4 层、层高 4 m)，塔桅高度加楼层高度要大于工程规划里规划的天线高度，因此只需在楼顶架设 3 m 高的塔即可。新建站共塔桅选“否”，塔桅高度填 3 m。

(10)天线信息勘察。新建站为 5G 基站，射频拉远单元选择 AAU，天线类型选择 65° AAU 天线，天线挂高 19 m。根据规划填写基站配置天线数量及方位角信息。如基站类型为 S1/1/1/1，则此处天线数量填 4 副。单击工具箱中“指南针”，依次拖至图 3.1.22 中 4 副天线的相应测量点，读取指南针显示的角度，即为 4 副天线的方位角，填入“无线基站勘察报告(新建宏站)”。

根据工程规划数据，可知天线下倾角度为 6°，如图 3.1.23 所示，填入“无线基站勘察报告(新建宏站)”。

(11)拍摄记录。单击工具箱中“照相机”，依次拖至图 3.1.24 中相应测量点，对站址信息、机房位置、覆盖区域、周围环境等进行拍照。完成后切换视角到“室内全景视角”，再次单击工具箱中“照相机”，依次拖至图 3.1.25 中相应位置点进行拍照，各位置点完成拍摄后在“无线基站勘察报告(新建宏站)”中对应位置显示已拍照，结果如图 3.1.26 所示。

步骤 6：生成勘察报告。勘察后的结果记录在“无线基站勘察报告(新建宏站)”中，最终将会生成一张记录表，单击即可看到勘察记录的数据、拍摄记录结果如图 3.1.27 所示。

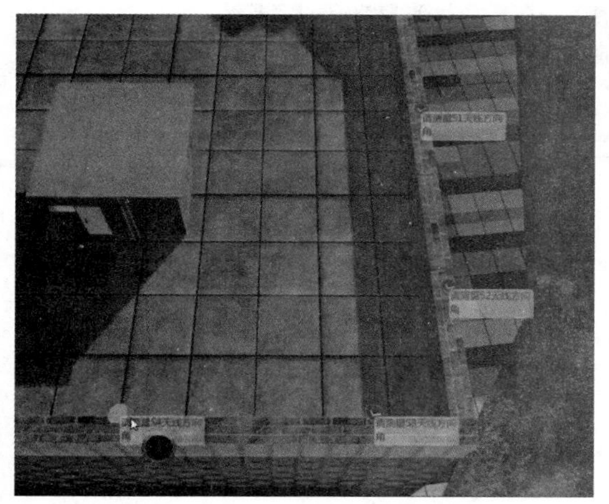

图 3.1.22　天线的方位角测量

工程规划
密集区域
一般区域
偏远地区
默认
自定义
覆盖区域
东风大道
解放一路
解放二路
覆盖半径
400 m
天线高度
19 m
计算公式
天线高度=覆盖半径×tan (天线下倾角[6]-天线垂直半功率角[6.5]÷2)
规划频段
2600MHz
3500MHz
投资预算
低
中
高
超高
建设周期
3天
5天
28天
40天
物业协调难度
不考虑
容易
一般
困难
建筑承重能力
不考虑
低
中
高
基本风压
0.3KN/m²
0.6KN/m²
0.9KN/m²

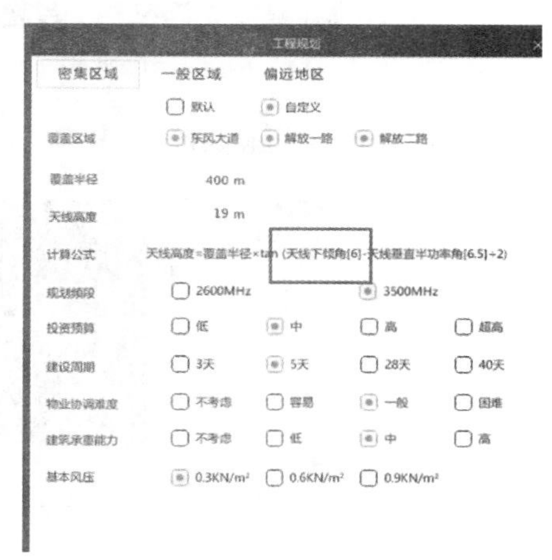

图 3.1.23　天线下倾角度

图 3.1.24　室外拍照记录

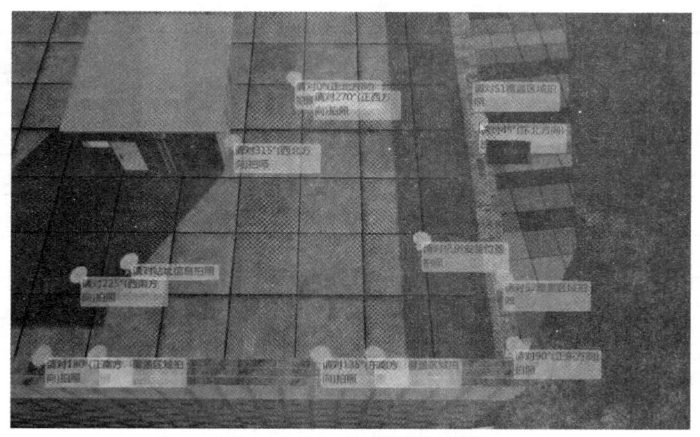

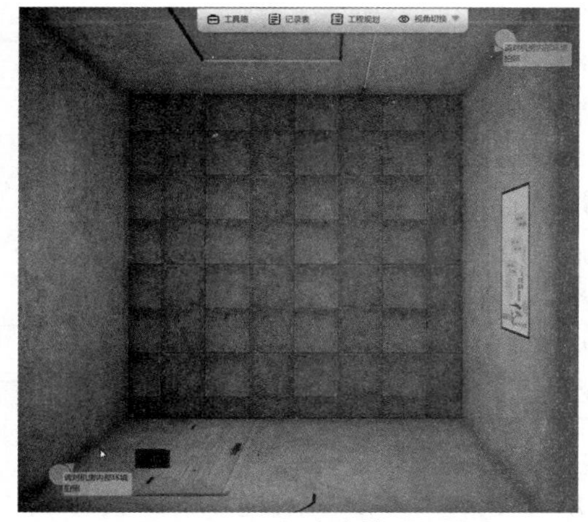

工具箱
记录表
工程规划
视角切换

图 3.1.25　机房内拍照记录

天线基站勘察报告(新建宏站)
天线挂高 19 m
天线数量 4 副
天线方向角S1 10 °
天线方向角S2 100 °
天线方向角S3 170 °
天线方向角S4 260 °
天线下倾角S1 6 °
天线方向角S2 6 °
天线下倾角S3 6 °
天线方向角S4 6 °
拍照记录
站址信息照 已拍照
机房位置照 已拍照
机房内部照1 已拍照
机房内部照2 已拍照
覆盖区域照
S1 已拍照
S2 已拍照
S3 已拍照
S4 已拍照
环境照
0°（正北） 已拍照
45°（东北） 已拍照
90°（正东） 已拍照
135°（东南） 已拍照
180°（正南） 已拍照
225°（西南） 已拍照
270°（正西） 已拍照
315°（西北） 已拍照

图 3.1.26　拍照记录

### 4. 实训小结

勘察是通信工程中的重要环节，勘察人员需对机房和天面进行实地查勘，认真填写现场勘察记录，要求翔实、准确、无遗漏。

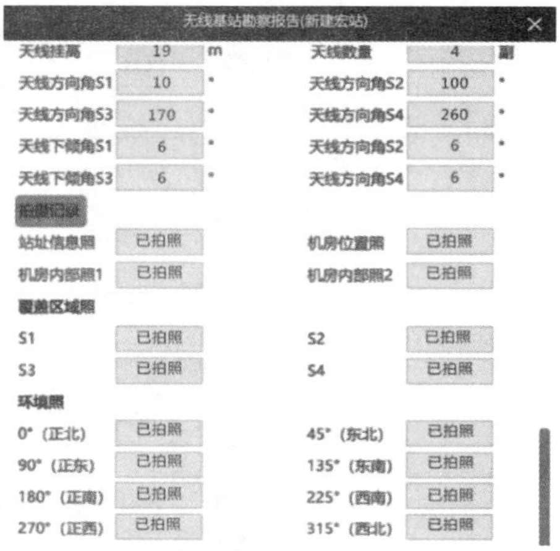

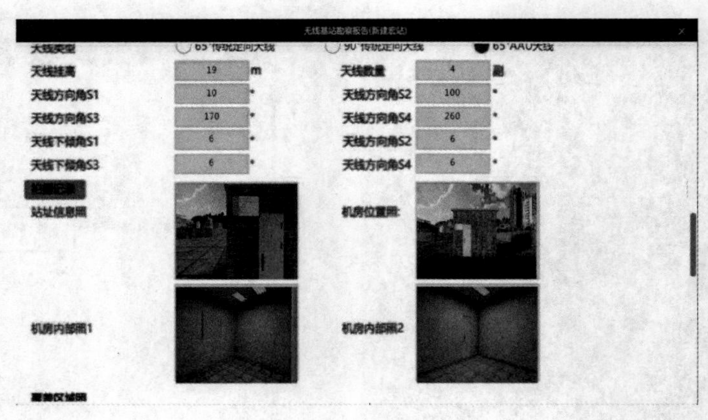


图 3.1.27　拍摄记录结果

## 【任务评价】

| 项目名称 | | | 任务名称 | |
|---|---|---|---|---|
| 小组成员 | | | 综合评分 | |
| 学生自评 | 理论任务完成情况 | | | |
| | 序号 | 知识考核点 | 自评意见 | 自评结果 |
| | 1 | 常见基站建设方式 | | |
| | 2 | 基站勘察工作及要求 | | |
| | 训练任务完成情况 | | | |
| | 项目 | 内　　容 | 评价标准 | 自评结果 |
| | 训练准备 | 设备及备品 | 机具材料选择正确 | |
| | | 人员组织 | 人员到位，分工明确 | |
| | 训练方法 | 训练方法及步骤 | 训练方法及步骤正确 | |
| | | 操作过程 | 操作熟练 | |
| | 实训态度 | 参加实训操作积极性 | 积极参加实训操作 | |
| | | 纪律遵守情况 | 严格遵守纪律 | |
| | 质量考核 | 站址选择 | 站址选择正确 | |
| | | 勘察报告数据填写正确性和完整性 | 勘察报告数据填写正确且完整 | |
| | | 成果验收 | 输出仿真报告/勘察记录单 | |
| | 安全考核 | 安全操作 | 按照安全操作流程进行操作 | |
| | | 考核训练后现场整理 | 机具材料复位，现场整洁 | |
| | （根据个人实际情况选择：A. 能够完成；B. 基本能完成；C. 不能完成） | | | |
| 学习小组评价 | 团队合作□ 学习效率□ 获取信息能力□ 交流沟通能力□ 动手操作能力□<br>（根据完成任务情况填写：A. 优秀；B. 良好；C. 合格；D. 有待改进） | | | |
| 老师评价 | | | | |

# 任务 2　基站绘图

## 【任务引入】

无线基站设计图纸是在对施工现场仔细勘察和认真收集资料的基础上，通过图形符号、文字符号、文字说明及标注来表达具体工程性质的一种图纸。它是通信工程设计的重要组成部分，也是指导施工的主要依据。本任务依据基站工程设计绘图及其规范要求，借助仿真实训手段对基站制图示例进行逐一剖析。

## 【任务单】

<table>
<tr><td>任务名称</td><td>基站绘图</td><td>建议课时</td><td>4</td></tr>
<tr><td colspan="4">任务内容：<br>1. 掌握基站工程设计绘图内容及其规范要求。<br>2. 利用仿真软件完成基站工程图纸的绘制</td></tr>
<tr><td colspan="4">任务设计：<br>1. 老师讲解基站工程设计绘图内容及其规范要求。<br>2. 技能实训：分组完成“基站工程图纸设计”仿真实训任务</td></tr>
<tr><td>建议学习方法</td><td>老师讲解、分组合作、仿真实训</td><td>学习地点</td><td>实训室</td></tr>
</table>

## 【知识链接 1】　基站工程设计图纸内容

基站工程设计制图要求使用 AutoCAD 软件绘制工程图纸，工程图纸包含：基站设备平面布置图、基站走线架平面布置图、基站天线安装位置及馈线走向图、基站室内土建工艺要求图、基站铁塔工艺要求图、基站机房线缆布放示意图、基站交直流供电系统图及导线明细表等。

（1）基站设备平面布置图

主要内容和要求有：门、窗、墙、馈线洞位置等；原有和新增设备及其位置；标注设备、机房详细尺寸（不要出现封闭标注）；必要说明文字；基站站名、设计人、编号、图纸名称、图例等在图框内文字填写。

（2）基站走线架平面布置图

主要内容和要求有：机房情况、走线架位置、馈线洞确切位置（必要时要用侧视图表示）；标注与走线架有关尺寸；走线架高度、宽度等要有必要的文字说明；基站站名、设计人、编号、图纸名称、图例等在图框内文字填写。

（3）基站天线安装位置及馈线走向图

主要内容和要求有：天线塔与机房建筑物相对位置；磁北、建北、各小区方位角；天线在安装平台的位置情况；尺寸标注；必要说明文字；基站站名、设计人、编号、图纸名称、图例等图框内文字填写。

（4）基站室内土建工艺要求图

主要内容和要求有：门、窗、墙、馈线洞位置等；原有和新增设备及其位置；标注设备、机房详细尺寸（不要出现封闭标注）；机房的安装工艺要求详细说明；基站站名、设计人、编号、图纸名称、图例等图框内文字填写。

(5)基站铁塔工艺要求图

主要内容和要求有:天线塔与机房建筑物相对位置;天线在安装平台的位置情况;尺寸标注;铁塔的负荷、安装、防雷要求等要有必要的文字说明;基站站名、编号、图纸名称、图例等图框内文字填写。

(6)基站机房线缆布放示意图

主要内容和要求有:门、窗、墙、馈线洞位置等;原有和新增设备及其位置;标注设备、机房尺寸详细尺寸(不要出现封闭标注);室内防雷接地排的具体位置;各种线缆的走线路由;线缆列表,包括各种线缆的长度、数量及提供方;基站站名、设计人、编号、图纸名称、图例等图框内文字填写。

(7)基站交直流供电系统图及导线明细表

主要内容和要求有:整流器架的连接线路图;新增和原有模块的标注;基站站名、设计人、编号、图纸名称、图例等图框内文字填写。

## 【知识链接 2】 基站工程设计绘图规范及其要求

电信行业有诸多的国家标准、行业标准和企业标准。基站工程在进行 CAD 辅助制图前要了解清楚相关制图规范及要求,严格按照 YD/T 5015—2015《通信工程制图与图形符号规定》相关规定进行工程制图。电信工程制图要求要点如下。

**1. 公共要求**

(1)图框使用统一制定的标准图框。

(2)图形尺寸以 mm 为单位;标注用 mm 表示。

(3)图纸中所有角度以磁北为基准,顺时针方向旋转。

(4)在天馈系统俯视图中需标明磁北与建北的夹角,对于定向站还需标明扇区间的角度关系及其与磁北的相互关系。

(5)主要图大小要合理,应占图纸的一半以上。

(6)要能准确注明大小尺寸、设备尺寸、摆设定位尺寸。

(7)字体的大小、类型应尽量做到统一,最小字体应大于 3 mm。

(8)图纸应安统一比例尺,比例尺大小也要合理。

(9)除了路由图之外,其他部分禁止用彩色线画图。

(10)线与线接合的地方一定要接合。

(11)天面图的外墙应用粗线,机房图的外墙应用双线,双线间距应合理。

(12)图纸应做到美观、合理。

(13)图纸日期要统一为××××年××月××日。

(14)出图后要签名。

**2. 具体绘制要点**

(1)绘制天馈系统图的要点

①天面图中要有指北方向,天面图要注明楼层。

②核对站型、天线数量、方向角、天线型号、馈线长度、走线架长度等有无特殊要求。

③天线摆设位置要符合天线收、发分集要求,不同两组天线收与发间距离不小于 1 m。要求注明不同方向的收、发天线。

④天线主射方向与墙面的夹角应不小于 60°。

⑤走线架的布置要合理，不能封住天面入口。

⑥图中的注表、文字说明等要求应该一致。

(2)绘制机房设备平面图的要点

室内走线架布置要与设备布置图统一；电缆路由图与室内设备、照明及走线图相对应；设备机柜的正面应与背面均放一组维护用插座，每组各有双插孔和三插孔。

**3. 图纸信息管理**

绘制好的图纸要按照规定的要求命名。一般每个工程建一个文件夹，文件夹名称为工程名称及对应工程编号。建一个文件夹，作为此工程文件夹的子文件夹，文件夹取名为基站名称。将图纸复制到相应文件夹，并将其发给勘察设计工程师进行统一的管理。

## 【技能实训】基站工程图纸设计

扫一扫

**3.2.1　仿真—基站工程图纸设计**

**1. 实训内容**

在“5G 站点工程建设”仿真软件中，根据项目 3 之任务 1 的“【技能实训】站点选择和勘察”中的规划数据，设计绘制基站工程图纸。

**2. 实训环境及设备**

装有“5G 站点工程建设”仿真软件的计算机一台。

**3. 实训步骤及注意事项**

单击方案设计，进入基站工程绘图界面。

步骤一：绘制天馈安装平面示意图

(1)单击“天馈安装平面示意”，将右侧图例中的租赁机房、美化方柱、GPS＋防雷器、5G AAU 天线、接地排依次拖放到图表中。

(2)根据记录表和工程规划表，填写“天线基础参数表”。因工程规划中，下倾角为 6°，所以将机械下倾角和电子下倾角填写为 3，方便后期优化进行调整。

天馈安装平面示意图绘制结果如图 3.2.1 所示。

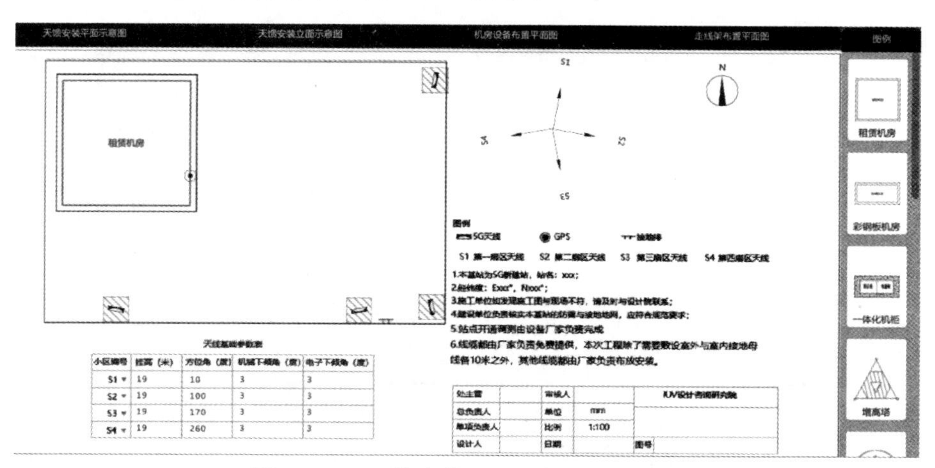


图 3.2.1　天馈安装平面示意图绘制结果

步骤二：绘制天馈安装立面示意图

单击“天馈安装立面示意图”，将右侧图例中的租赁机房、美化方柱、GPS＋防雷器、5G AAU 天线依次拖放到图表中。

天馈安装立面示意图绘制结果如图 3.2.2 所示。

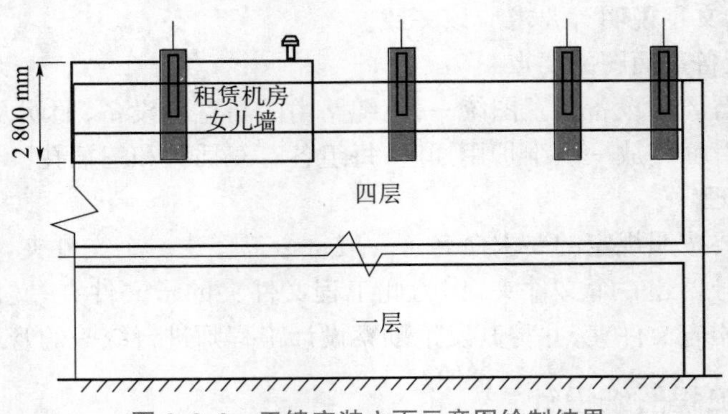


图 3.2.2　天馈安装立面示意图绘制结果

步骤三:绘制机房设备布置平面图

(1)单击“机房设备布置平面图”,将右侧图例中的租赁机房、电源柜、综合柜依次拖放到图中,电源柜和综合柜放置在一条直线上,方便后期走线架走线。

(2)将右侧图例中的交流配电箱、监控防雷器、消防器材、馈线窗、接地排依次拖放至进门靠墙位置,以符合安全规范。

(3)将两个蓄电池组和空调分别放置在进门的左右墙面两侧,并且与电源柜和综合柜放置在一条直线上,方便后期走线架走线。

(4)布置综合柜。将右侧图例中的接地排、ODF、SPN、BBU、配电盒依次从下至上安放到综合柜中,并且配电盒安放在综合柜中的最上层。在电源端子图中分别在一次下电和二次下电中选中一个端口。

(5)绘制电源端子图。在电源端子图中分别选中一次下电和二次下电上的 100 A 端子(BBU 属于一次下电设备,SPN 属于二次下电设备)。

机房设备布置平面图绘制结果如图 3.2.3 所示。

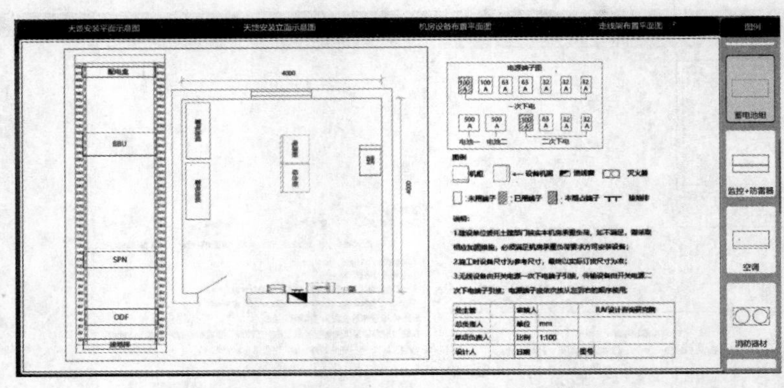

图 3.2.3　机房设备布置平面图绘制结果

步骤四:走线架布置平面图

(1)选择“走线架布放示意图”,拖放馈线窗至图表内,馈线窗位置需要和机房设备布放平面图中一致。

(2)拖放水平走线架(横)、水平走线架(竖)以满足馈线窗、电源柜、综合柜、蓄电池、空调的走线。

(3)在蓄电池所处墙面拖放垂直走线架。

(4)在水平走线架两端拖放终端加固件,在水平走线架中间拖放水平连接件。

走线架布置平面图绘制结果如图 3.2.4 所示。

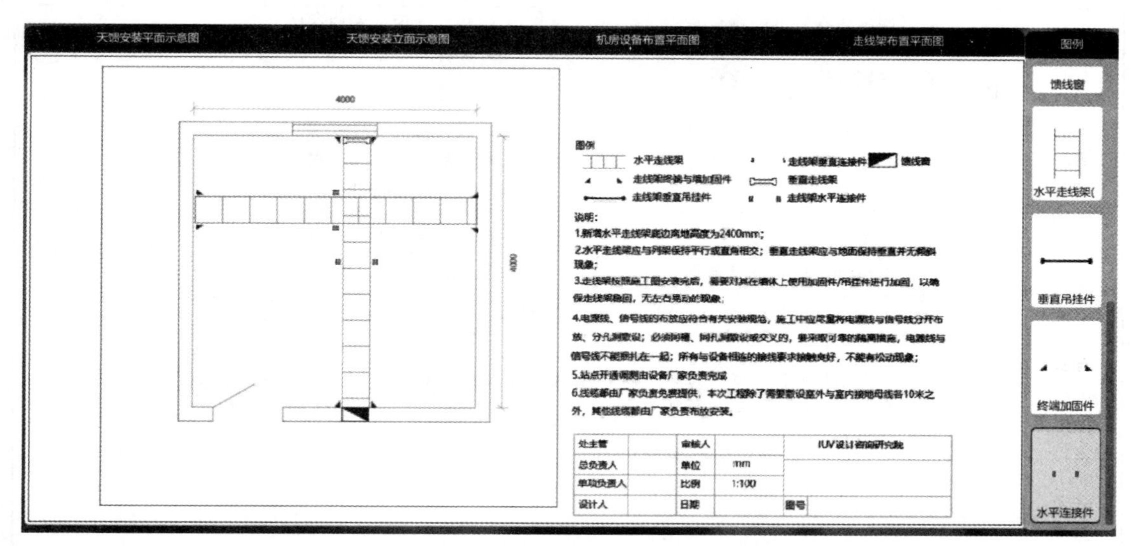


图 3.2.4　走线架布置平面图绘制结果

至此,设计图纸绘制已完成。

**4. 实训小结**

基站设计时要考虑如何在有限的空间内,合理运用资源,既要满足设备安全可靠运行的需求,又要方便施工节约成本;既要满足当前的需求,又要考虑后期的网络发展。机房内设备类型多种多样,如何设计最优方案是一项复杂的工作,需要我们不断学习实践。

## 【任务评价】

<table>
<tr><td>项目名称</td><td colspan="2"></td><td>任务名称</td><td colspan="2"></td></tr>
<tr><td>小组成员</td><td colspan="2"></td><td>综合评分</td><td colspan="2"></td></tr>
<tr><td rowspan="12">学生<br>自评</td><td colspan="5">理论任务完成情况</td></tr>
<tr><td>序号</td><td colspan="2">知识考核点</td><td>自评意见</td><td>自评结果</td></tr>
<tr><td>1</td><td colspan="2">基站工程设计绘图内容</td><td></td><td></td></tr>
<tr><td>2</td><td colspan="2">基站工程设计绘图基本规范要求</td><td></td><td></td></tr>
<tr><td colspan="5">训练任务完成情况</td></tr>
<tr><td>项目</td><td colspan="2">内　容</td><td>评价标准</td><td>自评结果</td></tr>
<tr><td rowspan="2">训练<br>准备</td><td colspan="2">设备及备品</td><td>机具材料选择正确</td><td></td></tr>
<tr><td colspan="2">人员组织</td><td>人员到位,分工明确</td><td></td></tr>
<tr><td rowspan="2">训练<br>方法</td><td colspan="2">训练方法及步骤</td><td>训练方法及步骤正确</td><td></td></tr>
<tr><td colspan="2">操作过程</td><td>操作熟练</td><td></td></tr>
<tr><td rowspan="2">实训<br>态度</td><td colspan="2">参加实训操作积极性</td><td>积极参加实训操作</td><td></td></tr>
<tr><td colspan="2">纪律遵守情况</td><td>严格遵守纪律</td><td></td></tr>
</table>

续上表

<table>
<tr><td colspan="2">项目名称</td><td></td><td>任务名称</td><td></td></tr>
<tr><td colspan="2">小组成员</td><td></td><td>综合评分</td><td></td></tr>
<tr><td rowspan="6">学生自评</td><td rowspan="3">质量考核</td><td>图纸绘制与勘察规划数据一致性</td><td>图纸绘制与规划数据一致</td><td></td></tr>
<tr><td>图纸及绘制内容完整性</td><td>图纸完整；<br>图纸内容绘制完整</td><td></td></tr>
<tr><td>图纸绘制设计规范性</td><td>图纸设计符合工程要求；<br>图纸绘制符合绘图要求；<br>设备安装设计合理</td><td></td></tr>
<tr><td rowspan="2">安全考核</td><td>安全操作</td><td>按照安全操作流程进行操作</td><td></td></tr>
<tr><td>考核训练后现场整理</td><td>机具材料复位，现场整洁</td><td></td></tr>
<tr><td colspan="4">（根据个人实际情况选择：A. 能够完成；B. 基本能完成；C. 不能完成）</td></tr>
<tr><td>学习小组评价</td><td colspan="4">团队合作□ 学习效率□ 获取信息能力□ 交流沟通能力□ 动手操作能力□<br>（根据完成任务情况填写：A. 优秀；B. 良好；C. 合格；D. 有待改进）</td></tr>
<tr><td>老师评价</td><td colspan="4"></td></tr>
</table>

## 项目小结

站点勘察和绘图是基站工程中的两个典型任务，本项目主要介绍了常见基站的建设方式、站点勘察工作及要求、基站工程设计图纸内容和绘图规范及其要求等内容。通过本项目的学习，我们应掌握站点勘察的方法及勘察工具的使用，初步具备基站图纸绘制的能力。

## 思考与练习

1. 传统的基站建设方式一般分为哪两种？
2. 列举至少三个基站勘察过程中会用到的测量类的工具。
3. 记录天面四方环境，应以正北 0°为起始角，每隔多少度拍摄一张照片。
4. 想一想基站工程设计图纸包括哪几个部分？
5. 图纸中所有角度以什么为基准？

# 项目 4 基站通信设备安装

## 项目导图

基站通信设备安装

- 任务1 天馈系统结构及安装
  - 【知识链接1】基站天线的演进
  - 【知识链接2】天线的原理及结构
  - 【知识链接3】天线的性能参数
  - 【知识链接4】天线类型及选择
  - 【知识链接5】天线的调整
  - 【技能实训】天馈系统安装
- 任务2 基站通信设备安装及连接
  - 【知识链接1】设备安装前准备工作
  - 【知识链接2】5G基站设备安装
  - 【技能实训】5G基站通信设备安装

## 学习目标

**【素养目标】**

1. 培养"安全第一"的生产意识和遵章守纪的工作习惯,培养安全操作的职业素养。
2. 培养查阅各类行业规范的职业习惯,初步具备基站设备安装方面的职业能力。
3. 培养良好的团队协作、语言表达、沟通协调能力。

**【知识目标】**

1. 了解移动通信天线的演进历程。
2. 掌握天线的原理及结构。
3. 掌握天线主要性能参数及各参数调整对网络覆盖的影响。
4. 掌握基站天馈系统及通信主设备安装规范,熟悉施工安全规定。
5. 熟悉基站设备安装步骤。

**【能力目标】**

1. 能够根据实际场景正确选择天线类型。
2. 能够规范施工完成天馈系统的安装。
3. 能够识别基站硬件结构及各功能板卡,并进行正确安装。

# 任务1　天馈系统结构及安装

## 【任务引入】

在移动通信系统中,空间无线信号的发射和接收都是依靠天线来实现的。因此,天线对于移动通信网络来说,有着举足轻重的作用,如果天线的选择(类型、位置)不好或天线的参数设置不当,都会直接影响整个移动通信网络的运行质量。我们通过本任务学习天线的原理及结构,认知移动通信天馈系统的结构,并进行天馈设备安装。

## 【任务单】

<table>
<tr><th>任务名称</th><th>天馈系统结构及安装</th><th>建议课时</th><th>8</th></tr>
<tr><td colspan="4">任务内容:<br>1. 学习移动通信基站天线的发展史。<br>2. 掌握天线的原理及结构。<br>3. 熟悉天线的主要性能参数。<br>4. 规范安装天馈系统</td></tr>
<tr><td colspan="4">任务设计:<br>1. 课前准备,结合实际生活,总结天线的作用。<br>2. 结合历代天线设备学习移动通信的发展史,分析天线的原理及结构。<br>3. 分组讨论各参数对天线性能的影响。<br>4. 技能实训:安装天馈系统</td></tr>
<tr><td>建议学习方法</td><td>老师讲解、分组讨论、实训教学</td><td>学习地点</td><td>实训室</td></tr>
</table>

扫一扫

4.1.1　移动基站天线发展史

## 【知识链接1】　基站天线的演进

从2G阶段到4G阶段,移动通信基站天线经历了全向天线、定向单极化天线、定向双极化天线、电调单极化天线、电调双极化天线、双频电调双极化到多频双极化天线,以及MIMO天线、有源天线等过程,如图4.1.1所示。

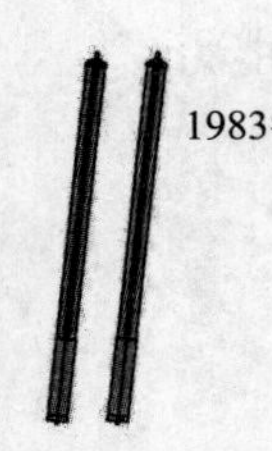


(a) 全向天线

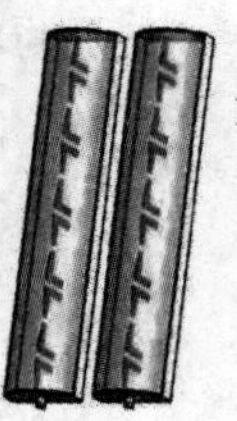


(b) 定向单极化天线

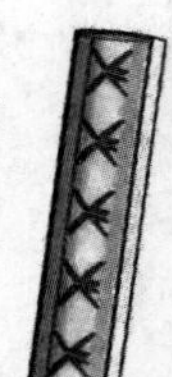


(c) 定向双极化天线

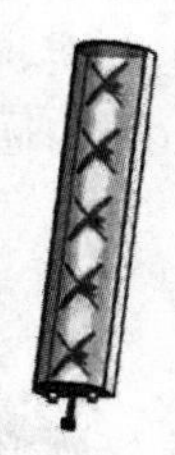


(d) 电调/远程电调天线

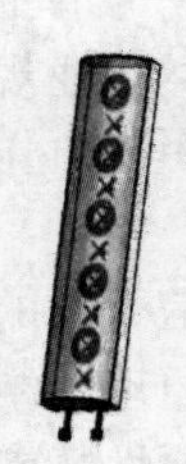


(e) 多频段天线

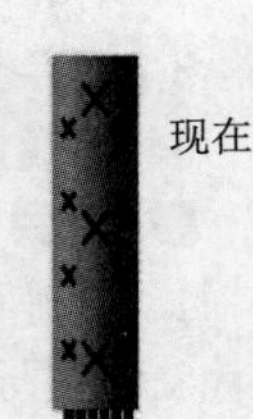


(f) LTE&MIMO天线

图4.1.1　移动通信基站天线的发展史

2G 阶段早期基站的类型为一体式基站架构，即基站的天线位于铁塔上，其余部分位于基站旁边的机房内，天线通过馈线与室内设备连接。随着发展，出现了分布式基站架构，分布式基站架构将 BTS 分为 RRU 和 BBU，其中 RRU 位于铁塔上，BBU 位于室内机房，RRU 与 BBU 之间通过光纤连接。

2G 和 3G 阶段，天线多为 2 端口，如图 4.1.2 所示。

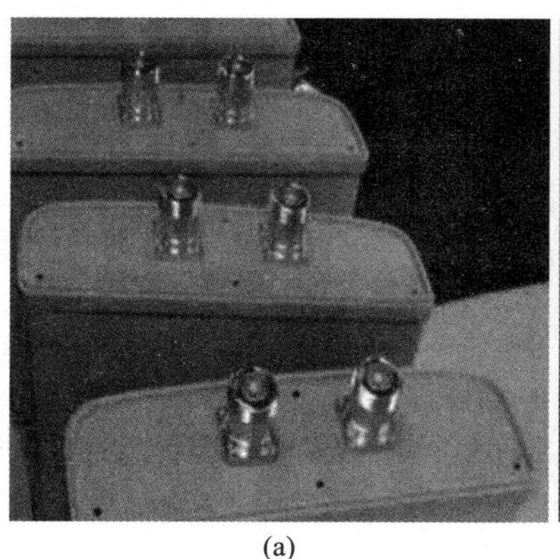

(a)

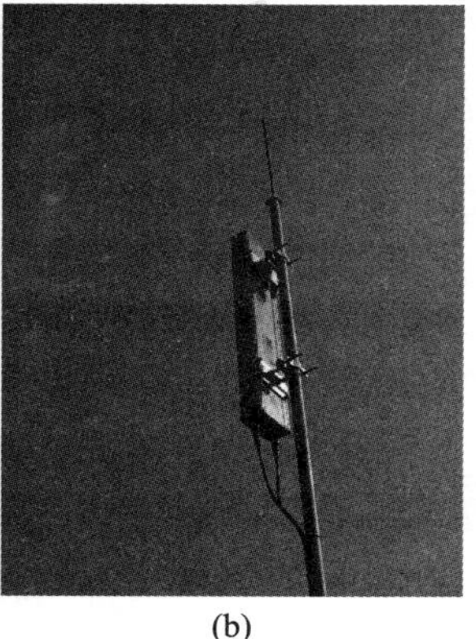

(b)

图 4.1.2　2 端口天线

4G 阶段，随着 MIMO 技术、多频段天线的大量使用，RRU 需要支持的天线端口越来越多，从 2 端口发展到 4 端口甚至 8 端口，对天线的要求越来越高，连接也日趋复杂。如图 4.1.3 所示，铁塔上天线和 RRU 之间的线缆连接变得非常密集。

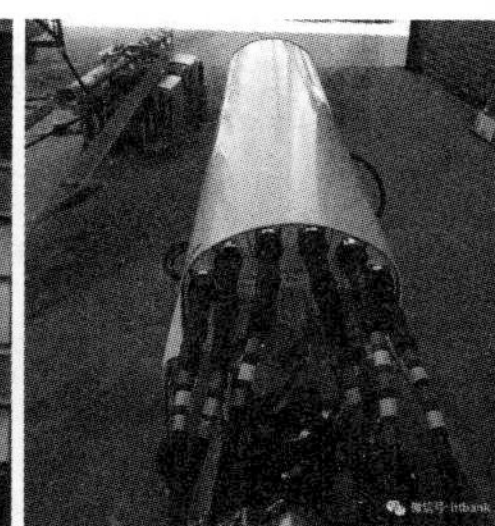

图 4.1.3　LTE-TDD 8T/8R 8 端口天线

5G 阶段，把 RRU 和天线融合在一起形成 AAU，这样不但减少了铁塔上的设备，简化了安装步骤，也减少了 RRU 和天线之间的馈线损耗。

总的来说，随着 4G 和 5G 阶段的到来和 Massive MIMO 技术的引入，基站天线的发展出现了如下三大变化：

(1)基站射频部分与天线集成，无源天线向有源天线发展。

(2)光纤替代馈线，减少线缆传输损耗。

(3)支持多频段、多波束，有效加强网络覆盖并提升容量。

未来天线的发展趋势是向多频段、多功能和智能化方向发展。

## 【知识链接 2】　天线的原理及结构

### 1. 天线的作用

在无线电通信系统中天线主要有接收与发送信号两方面的作用。一方面基站输出的射频信号，通过馈线(电缆)传输至天线，再由天线以电磁波形式辐射出去；另一方面电磁波到达接收端后，由天线接收，再通过馈线传输至无线电接收机。由此可见，天线是发射和接收电磁波的一个重要的无线电设备，没有天线也就没有无线电通信。

**2. 天线辐射的基本原理**

导线载有交变电流时，就可以形成电磁波的辐射，辐射的能力与导线的长短和形状有关。天线辐射电磁波的原理如图 4.1.4 所示。当两导线的距离很近、电流方向相反时，两导线所产生的感应电动势几乎可以抵消，因而辐射很微弱，如图 4.1.4(a)所示；随着两导线张开的角度逐渐增大，两导线的电磁波辐射发生变化，如图 4.1.4(b)所示；当两导线完全张开时，由两导线所产生的感应电动势方向相同，因而辐射较强，如图 4.1.4(c)所示。当导线的长度远小于波长时，导线上的电流很小，辐射很微弱；当导线的长度增大到可与波长相比拟时，导线上的电流就大大增加，因而就能形成较强的辐射。

扫一扫

4.1.2 天线的原理

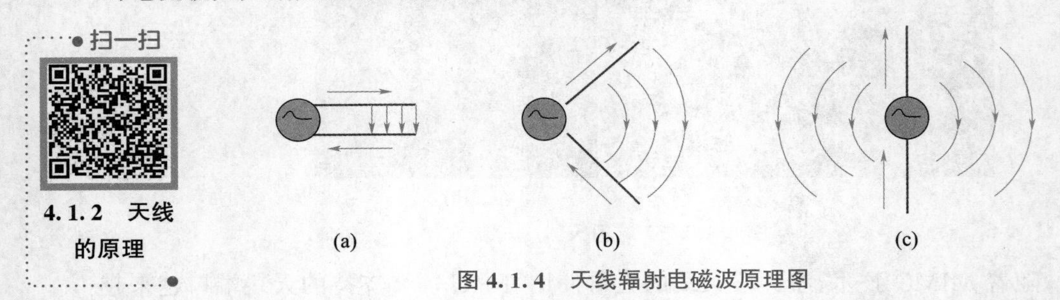


图 4.1.4 天线辐射电磁波原理图

通常将上述能产生显著辐射的直导线称为振子。两臂长度相等的振子称为对称振子，每臂长度为 1/4 波长的称为半波对称振子，全长与波长相等的称为全波对称振子。将振子折合起来的称为折合振子。对称振子与折合振子如图 4.1.5 所示。

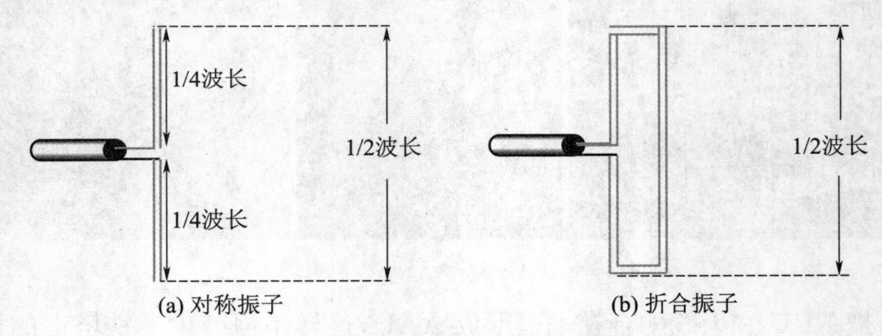


图 4.1.5 对称振子与折合振子

振子是天线里最小的辐射单元，天线内部由很多振子组成阵列。由于受到覆盖要求的限制，如覆盖距离、覆盖方向、频率等，不同的天线所含有的振子数量及形式不同。图 4.1.6 中所展示的是实际天线中的振子，图 4.1.6(a)中展示的是振子的传统形态，结构很简单，由两个金属板对称组成，但实际上振子还有多种变身。

**3. 天线的极化**

(1)电磁波的极化

电磁波在空间传播时，其电场方向是按一定的规律变化的，这种现象称为电磁波的极化。电磁波的电场方向称为电磁波的极化方向。如果电磁波的电场方向垂直于地面，就称为垂直极化波，如图 4.1.7(a)所示；如果电磁波的电场方向与地面平行，则称为水平极化波，如图 4.1.7(b)所示。

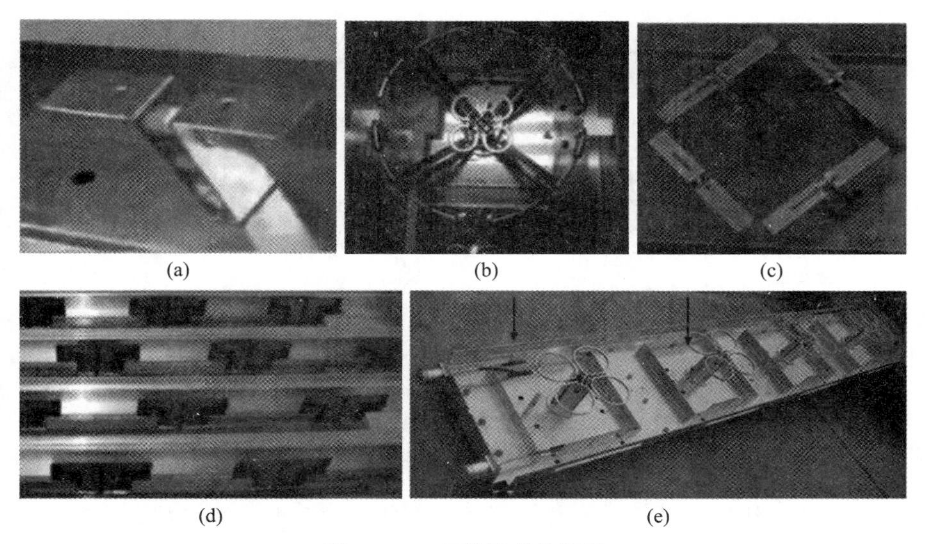
(a) (b) (c) (d) (e)

图 4.1.6　多种形式的振子

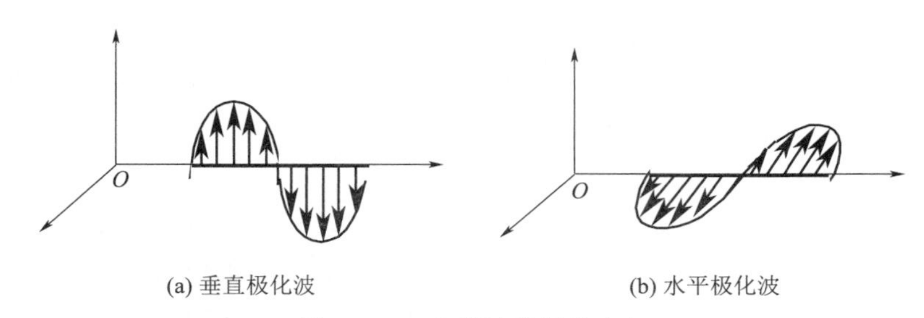

(a) 垂直极化波　(b) 水平极化波

图 4.1.7　电磁波的极化方向

(2)天线的极化

天线辐射的电磁波的电场方向就是天线的极化方向,如图 4.1.8 所示。垂直极化波要用具有垂直极化特性的天线来接收,水平极化波要用具有水平极化特性的天线来接收。当来波的极化方向与接收天线的极化方向不一致时,在接收过程中通常会产生极化损耗。

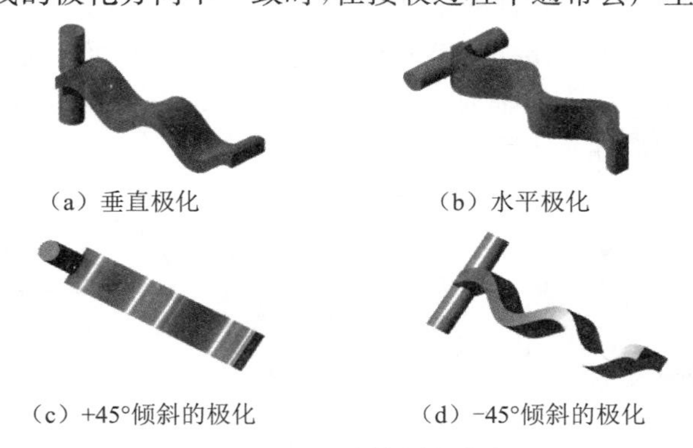
(a) 垂直极化　(b) 水平极化

(c) +45°倾斜的极化　(d) −45°倾斜的极化

图 4.1.8　天线的极化方向

(3)双极化天线

双极化天线内部含有两副天线,两副天线的振子相互呈垂直排列,分别传输两个独立的波(水平垂直极化或+45°/−45°极化),如图 4.1.9 所示。双极化天线减少了天线的数目,施工和维护更加简单。

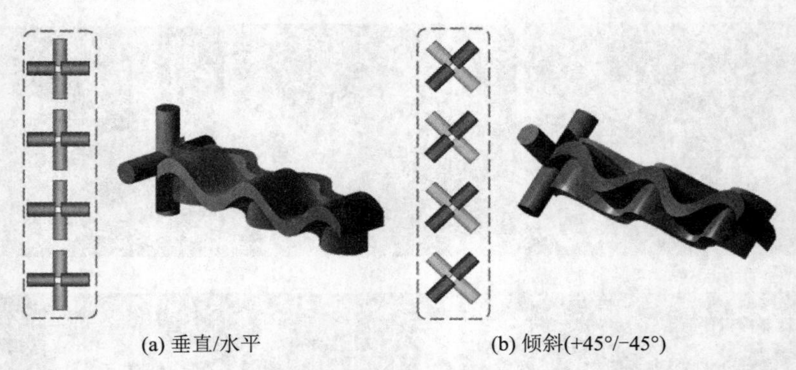

(a) 垂直/水平　　(b) 倾斜(+45°/−45°)

图 4.1.9　双极化天线原理图

扫一扫

4.1.3　天线机械性能指标

## 【知识链接 3】　天线的性能参数

表征天线性能的主要参数包括机械性能参数和电性能参数。

机械性能参数有尺寸、质量、天线罩材料、外观颜色、工作温度、存储温度、风载、迎风面积、接头形式、包装尺寸、天线抱杆和防雷等。

电性能参数有方向性、工作频段、特性阻抗、驻波比、增益、波瓣宽度、前后比等。下面主要介绍电性能参数。

扫一扫

4.1.4　天线主要电气性能指标

**1. 方向性**

天线的方向性是指天线向一定方向辐射或接收电磁波的能力。对于接收天线而言，方向性表示天线对不同方向传来的电波所具有的接收能力。

天线的方向性用方向图来描述。天线的辐射电磁场在固定距离上随角坐标分布的图形称为方向图。天线方向图是空间立体图形，绘制困难，通常应用的是两个互相垂直的主平面上的方向图，称为平面方向图。在线性天线中，由于地面影响较大，都采用垂直面和水平面作为主平面。在面型天线中，则采用 E 平面和 H 平面作为两个主平面。归一化方向图取最大值为 1。

如图 4.1.10(a)所示，垂直放置的半波对称振子具有平放的“面包圈”形的立体方向图；图 4.1.10(b)与图 4.1.10(c)给出了半波对称振子的两个主平面方向图。从图 4.1.10(b)可以看出，在水平面上各个方向上的辐射一样大；从图 4.1.10(c)可以看出，在振子的轴线方向上辐射为零，最大辐射方向在水平面上。

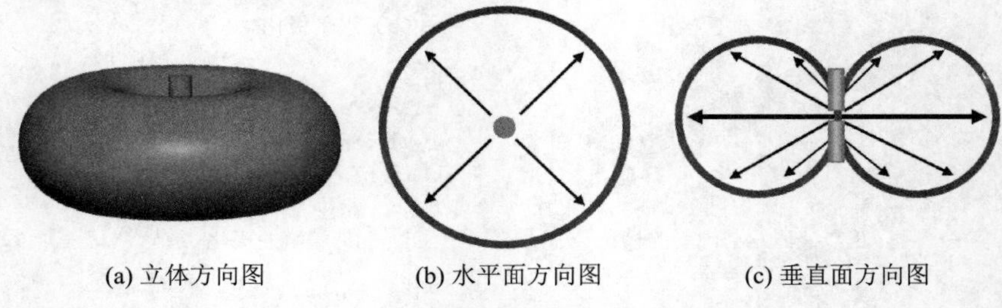

(a) 立体方向图　　(b) 水平面方向图　　(c) 垂直面方向图

图 4.1.10　半波对称振子的方向图

若干个对称振子组阵能够控制辐射，产生“扁平的面包圈”，把信号进一步集中到在平面方向上。图 4.1.11 是 4 个半波对称振子沿垂线上下排列成一个垂直四元阵时的立体方向图和垂直面方向图。

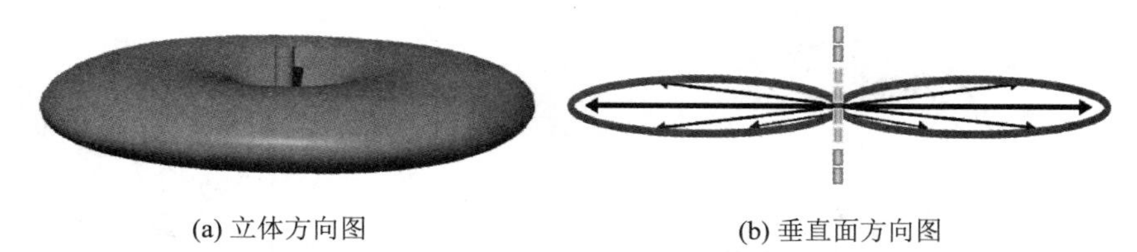

(a) 立体方向图　　(b) 垂直面方向图

图 4.1.11　4 个半波对称振子的方向图

利用反射板可把辐射控制到单侧方向，平面反射板放在阵列的一边构成扇形区覆盖天线。图 4.1.12 所示的水平面方向图说明了平面反射板的作用，平面反射板把功率反射到单侧方向，提高了增益。抛物反射面的使用，更能使天线的辐射集中到一个小立体角内，从而获得很高的增益。

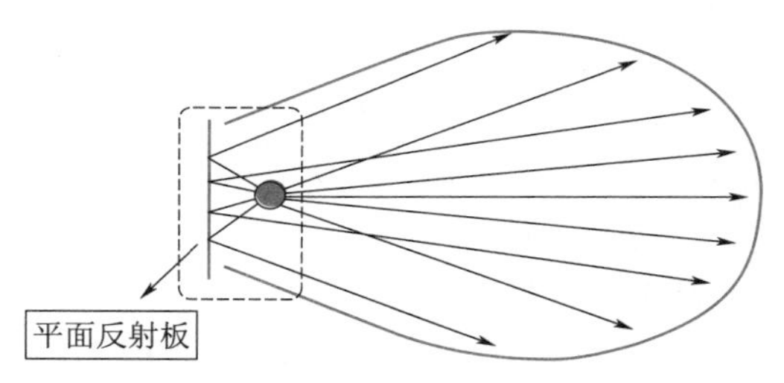


图 4.1.12　天线平面反射板的作用

在方向图中，包含所需最大辐射方向的辐射波瓣叫天线主波瓣，也称天线波束。其余瓣称为副瓣或旁瓣，与主瓣相反方向上的旁瓣叫后瓣。

图 4.1.13 为全向天线水平波瓣图和垂直波瓣图，其天线外形为圆柱形；图 4.1.14 为定向天线水平波瓣和垂直波瓣图，其天线外形为板状。

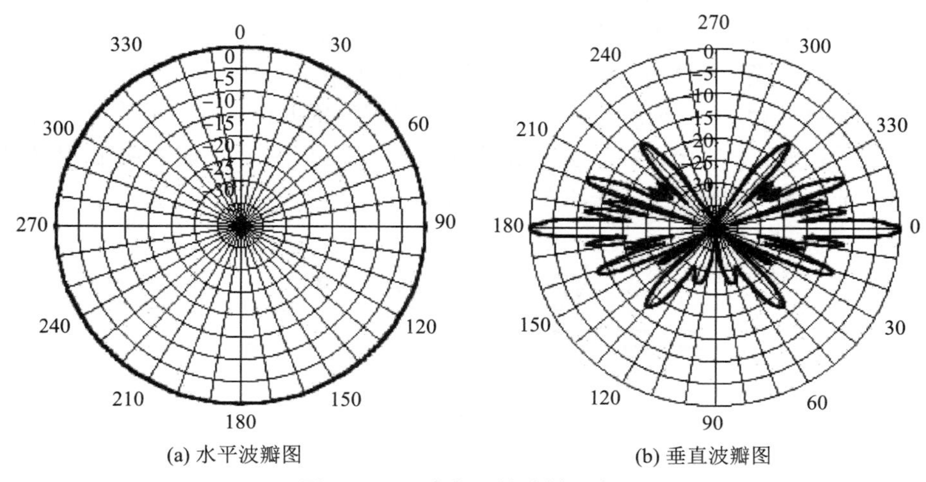


(a) 水平波瓣图　　(b) 垂直波瓣图

图 4.1.13　全向天线波瓣示意图

**2. 工作频段**

天线的工作频率范围也称为天线的工作频段。每个天线都有其工作频段范围来接收相关信号，其工作频段由内部振子长度决定，根据电磁波的传播原理，一般频率越高、天线（振子）越短、频率越低、天线越长。一般 450 MHz 的天线比 800 MHz 的天线要长。

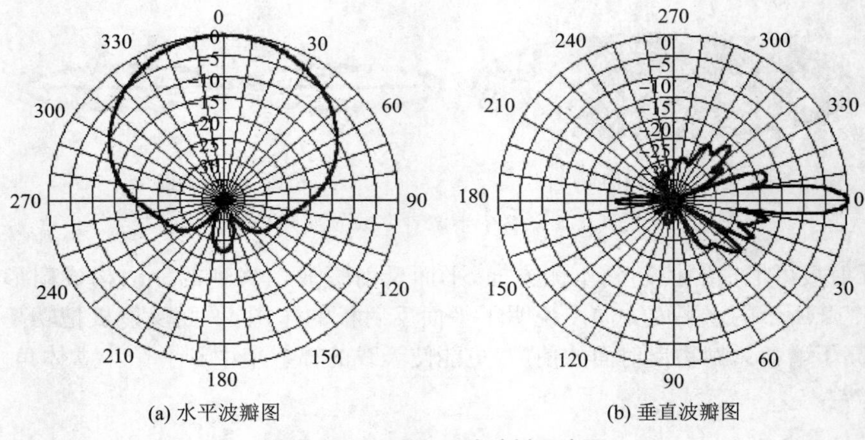


(a) 水平波瓣图　　(b) 垂直波瓣图

图 4.1.14　定向天线波瓣示意图

天线在一定的频率范围内工作。通常工作在中心频率时天线所能输送的功率最大(谐振),偏离中心频率时它所输送的功率将减小(失谐),据此可定义天线的频率带宽。

(1)天线增益下降 3 dB 时的频带宽度。

(2)在规定的驻波比下天线的工作频带宽度。

在移动通信系统中是按(2)定义的,具体来说,就是当天线的输入驻波比≤1.5 时天线的工作带宽。当天线的工作波长不是最佳时天线性能下降。在天线工作频带内,天线性能下降不多,是可以接受的。

**3. 特性阻抗**

天线输入端信号电压与信号电流之比,称为天线的特性阻抗。天线的特性阻抗与天线的结构、尺寸及工作波长有关,当天线制造完成后,其阻抗已经确定。同样,馈线也有阻抗,馈线的阻抗是指传输线上各处的电压与电流的比值,馈线特性阻抗只与导体直径及导体间绝缘介质的相对介电常数有关,而与馈线长短、工作频率及馈线终端所接负载阻抗无关。

研究阻抗的目的是测试馈线与天线是否匹配。如图 4.1.15 所示,当天线与馈线的特性阻抗相等时,我们称它们为互相匹配;反之,我们称它们为不匹配。当馈线与天线匹配时,馈线上不会出现反射波,反射系数为 0,驻波比为 1,天线能从馈线得到最大功率;不匹配时,来自馈线的信号部分被反射回去,也就是常说的驻波比偏大。

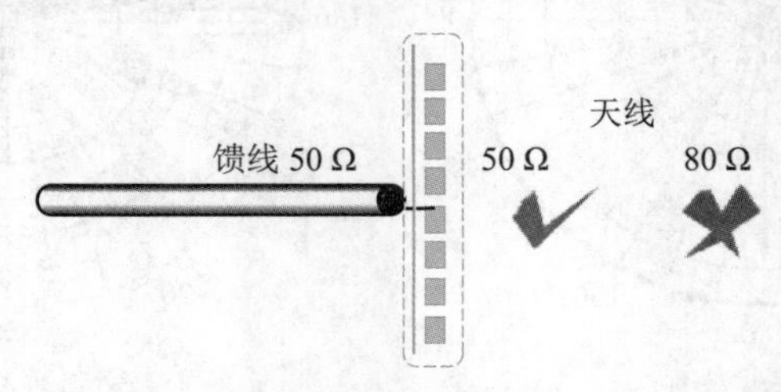


图 4.1.15　特性阻抗

移动通信系统中通常在发射机与发射天线间、接收机与接收天线间用传输线连接,要求传输线与天线的阻抗匹配,才能以高效率传输能量,否则效率不高,因此必须采取匹配技术实现匹配。一般来说,一套天馈系统都会选择型号匹配的天线与馈线,但是由于工程质量或生产问题,如馈线质量不好、馈线接头进水、馈线弯曲弧度太大等造成了馈线或天线的特性阻抗发生变化,从而导致天线与馈线不相匹配。

**4. 驻波比**

当馈线和天线匹配时，高频能量全部被负载吸收，馈线上只有入射波，没有反射波，馈线上传输的是行波，各处的电压幅度相等，任意一点的阻抗都等于它的特性阻抗。当天线和馈线不匹配时，负载就不能全部将馈线上传输的高频能量吸收，而只能吸收部分能量，入射波的一部分能量反射回来形成反射波，如图 4.1.16 所示。

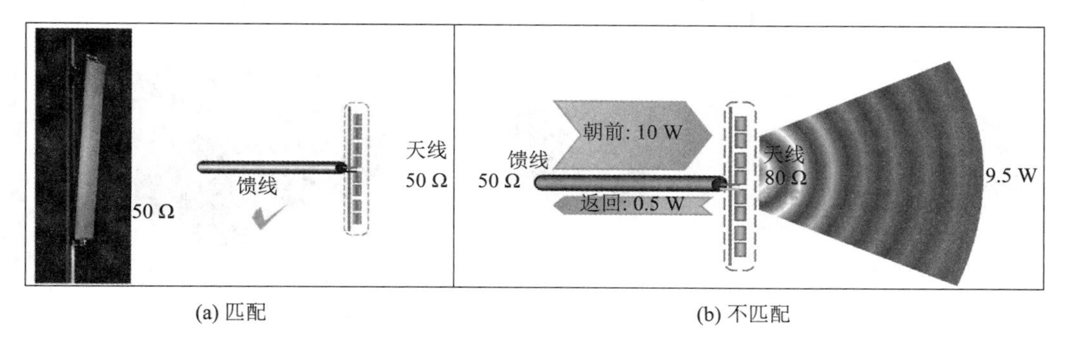


(a) 匹配　　(b) 不匹配

图 4.1.16　馈线和天线匹配示意图

在不匹配的情况下，馈线上同时存在入射波和反射波。两者叠加，在入射波和反射波相位相同的地方振幅相加最大，形成波腹；而在入射波和反射波相位相反的地方振幅相减为最小，形成波节，其他各点的振幅则介于波腹与波节之间，这种合成波称为行驻波。

为了描述馈线和天线之间的匹配程度，移动通信中通常会用到电压驻波比和回波损耗两个参数。

(1)电压驻波比

反射波和入射波幅度之比称为反射系数用 $K$ 表示。驻波波腹电压与波节电压幅度之比称为驻波系数，也称为电压驻波比，用 VSWR 表示。电压驻波比与反射系统的关系是

$$\mathrm{VSWR}=(1+K)/(1-K)$$

VSWR 在 1 到无穷大之间。驻波比为无穷大表示全反射，完全失配。终端负载阻抗和特性阻抗越接近，反射系数越小，驻波系数越接近于 1，匹配也就越好。VSWR 为 1，表示完全匹配。在移动通信系统中，一般要求 VSWR 小于 1.5，但实际应用中 VSWR 应小于 1.2。过大的 VSWR 会减小基站的覆盖并造成系统内干扰加大，影响基站的服务性能。

(2)回波损耗

回波损耗是反射系数绝对值的倒数，单位用 dB 表示。回波损耗的值在 0 dB 到无穷大之间，回波损耗越大表示匹配越好，回波损耗越小表示匹配越差。0 dB 为全反射，表示完全不匹配，无穷大表示完全匹配。在移动通信系统中，一般要求回波损耗大于 14 dB(对应 VSWR＜1.5)。

**5. 增益**

增益是用来衡量天线朝一个特定方向收发信号的能力，它是选择基站天线重要参数之一。

一般来说，增益的提高主要依靠减小垂直面向辐射的波瓣宽度，而在水平面上保持全向的辐射性能。天线增益对移动通信系统的运行质量极为重要，因为它决定蜂窝边缘的信号电平。增加增益就可以在一个确定的方向上增大网络的覆盖范围，或者在确定的范围内增大增益余量。任何蜂窝系统都是一个双向过程，增加天线的增益能同时减少双向系统增益预算余量。

增益是指在输入功率相等的条件下，实际天线与理想的单元在空间同一点处所产生的场强的平方之比用 $G$ 表示，即功率之比，如图 4.1.17 所示。

根据计算所使用的理想辐射单元不同，如图 4.1.18 所示，天线增益有两种定义如下：

(1)天线相对于半波对称振子的增益，用“dBd”表示。

(2)天线相对于点源天线（点源天线在各方向的辐射是均匀的）的增益，用“dBi”表示。

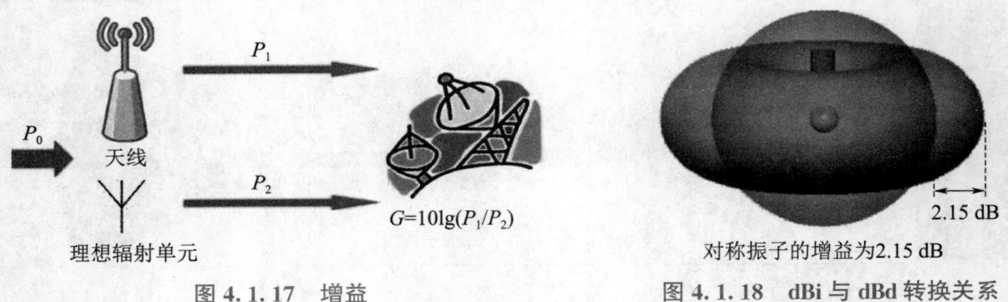


图 4.1.17　增益　　图 4.1.18　dBi 与 dBd 转换关系

两者之间的关系为：当用 dBi 和 dBd 表示同一个天线增益时，用 dBi 表示的值比用 dBd 表示的值要大 2.15。相同的条件下，增益越高，电波传播的距离越远。一般地，GSM 基站定向天线增益为 18 dBi，全向天线为 11 dBi。

**6. 波瓣宽度**

天线的波瓣宽度（也可称为波束宽度）是定向天线常用的一个重要参数，定义为主瓣两个半功率点间的夹角，如图 4.1.19 所示。主瓣波瓣宽度越窄，则方向性越好，抗干扰能力越强。

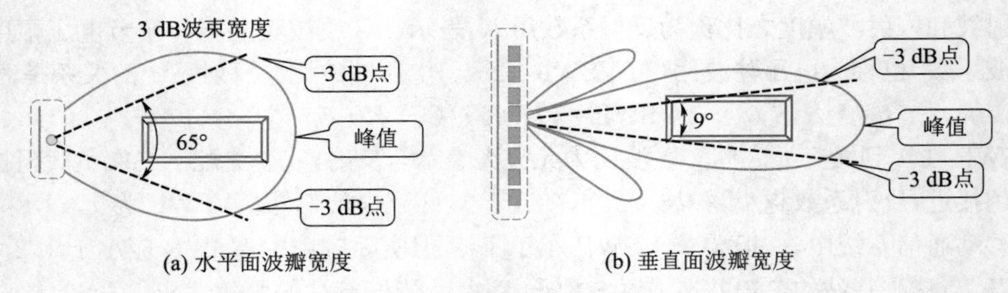


图 4.1.19　天线的波瓣宽度

天线垂直面波瓣宽度一般与该天线所对应方向上的覆盖半径有关。因此，在一定范围内通过对天线垂直度（下倾角）的调节，可以达到改善小区覆盖质量的目的，这也是我们在网络优化中经常采用的一种手段。水平面的半功率角（45°、60°、90°等）定义了天线水平平面的波瓣宽度。角度越大，在扇区交界处的覆盖越好，但当增大天线下倾角时，也越容易发生波束畸变，形成越区覆盖。角度越小，在扇区交界处覆盖越差。增大天线下倾角可以在一定程度上改善扇区交界处的覆盖，而且相对而言，不容易产生对其他小区的越区覆盖。在市中心基站由于站距小，天线下倾角大，应当采用水平平面的半功率角小的天线，郊区选用水平面的半功率角大的天线；垂直面的半功率角（48°、33°、15°、8°）定义了天线垂直平面的波瓣宽度。垂直面的半功率角越小，偏离主波瓣方向时信号衰减越快，越容易通过调整天线下倾角准确控制覆盖范围。

**7. 前后比**

在天线辐射过程中，有部分信号从天线所覆盖的反向泄漏出来，如图 4.1.20 所示。前、后主瓣的功率之比被定义为前后比(Front-Back Ratio)，记为 $F/B$，前后比 $F/B$ 的计算公式为

$$F/B=10\lg(\text{前向功率密度}/\text{后向功率密度})$$

$F/B$ 越大，天线的后向辐射(或接收)越小。对天线的 $F/B$ 有要求时，其典型值为 18～30 dB，特殊情况下则要求达 35～40 dB。选用前后比低的天线，天线的后瓣有可能产生越区覆盖，导致切换关系混乱，产生掉话。一般在 25～30 dB 之间，应优先选用 $F/B$ 为 30 dB 的天线。

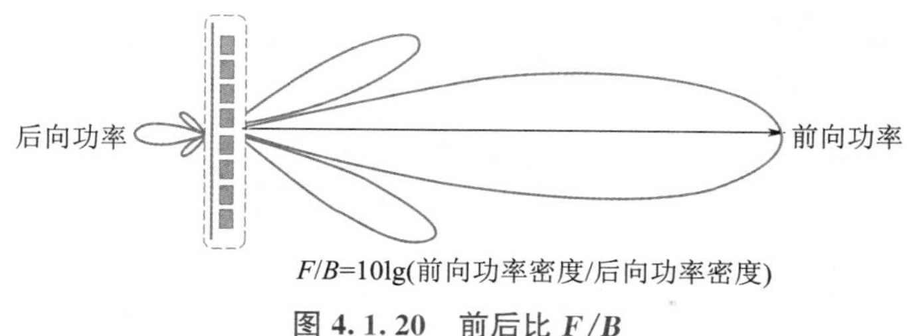


图 4.1.20　前后比 $F/B$

## 【知识链接 4】　天线类型及选择

**1. 天线类型**

天线的种类很多，按照天线的辐射范围分类，移动通信的天线可被分为全向天线与定向天线；按照天线下倾角的调节方式分类，移动通信的天线可被分为机械天线与电调天线；按照极化方式分类，移动通信的天线可被分为单极化天线与双极化天线；按功能分类，移动通信的天线可被分为发射天线、接收天线和收发共用天线。

根据所要求的辐射方向图(覆盖范围)，可以选择不同类型的天线。下面简要地介绍移动通信基站中最常用的天线类型。

(1)全向天线

全向天线外观及其方向图如图 4.1.21 所示，在水平面方向图上表现为 360°均匀辐射，也就是平常所说的无方向性，在垂直面方向图上表现为有一定宽度的波束，一般情况下波瓣宽度越小，增益越大。全向天线在移动通信系统中一般应用在郊县大区制的站型中，覆盖范围大。

(a) 全向天线外观

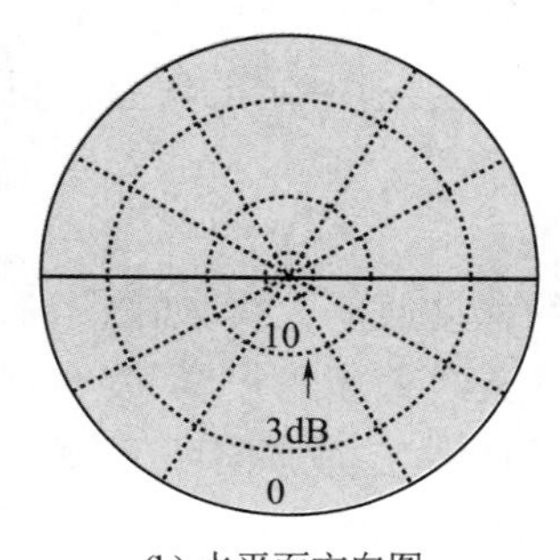


(b) 水平面方向图

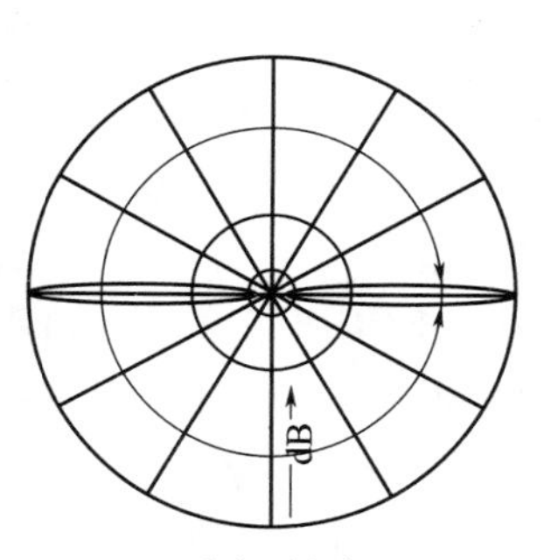


(c) 垂直面方向图

图 4.1.21　全向天线外观及其方向图

(2)定向天线

定向天线外观及其方向图如图 4.1.22 所示，在水平面方向图上表现为一定角度范围辐射，也就是平常所说的有方向性，在垂直面方向图上表现为有一定宽度的波束，同全向天线一样，波瓣宽度越小，增益越大。定向天线在移动通信系统中一般应用于小区制的站型中，覆盖范围小，用户密度大，频率利用率高。

根据组网的要求建立不同类型的基站，而不同类型的基站可根据需要选择不同类型的天线。选择的依据为上述技术参数，例如全向站采用了各个水平方向增益基本相同的全向天线，而定向站采用了水平面方向增益有明显变化的定向天线。

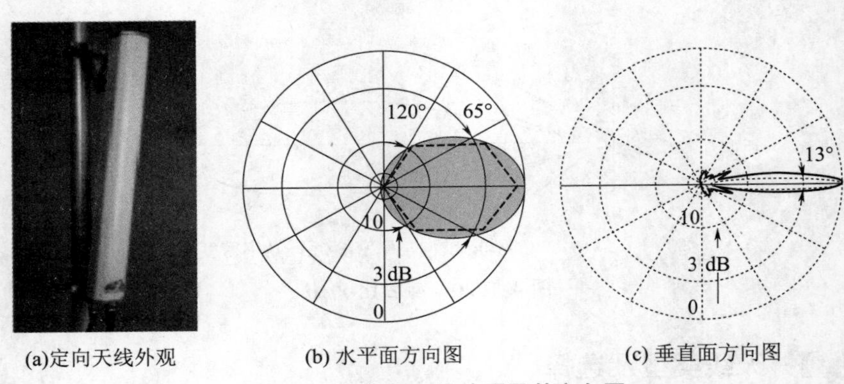


(a)定向天线外观　(b) 水平面方向图　(c) 垂直面方向图

图 4.1.22　定向天线外观及其方向图

(3)机械天线

机械天线指使用机械调整下倾角的移动通信天线，如图 4.1.23(a)所示。

机械天线与地面垂直安装完成以后，需要根据天线的覆盖要求，通过调整天线背面支架的位置来改变天线的下倾角。在调整过程中，虽然天线主瓣方向的覆盖距离明显变化，但天线垂直分量和水平分量的幅值不变，所以天线方向图容易变形。

实践证明，机械天线的最佳下倾角为 1°～5°。当下倾角在 5°～10°变化时，其天线方向图稍有变形但变化不大；当下倾角在 10°～15°变化时，其天线方向图变化较大；当机械天线下倾 15°后，天线方向图形状改变很大，从没有下倾时的“鸭梨”形变为“纺锤”形，此时虽然主瓣方向覆盖距离明显缩短，但是整个天线方向图不是都在本基站扇区内，在相邻基站扇区内也会收到该基站的信号，从而造成严重的系统内干扰。

另外，在日常维护中，如果要调整机械天线下倾角，则需要关闭整个系统，再由维护人员爬到天线安装处进行调整，且无法实现随调随测。机械天线的下倾角是通过计算机模拟分析软件计算的理论值，同实际最佳下倾角可能会有一定的偏差。机械天线调整倾角的步进精度为 1°，三阶互调指标为－120 dBc。

(4)电调天线

电调天线指使用电子调整下倾角的移动通信天线，如图 4.1.23(b)所示。

电子下倾的原理是通过改变共线阵天线振子的相位，改变垂直分量和水平分量的幅值大小，改变合成分量场强强度，从而使天线的垂直面方向图下倾。由于天线各方向的场强强度同时增大或减小，保证在改变下倾角后天线方向图变化不大。实践证明，电调天线下倾角在 1°～5°变化时，其天线方向图与机械天线的方向图大致相同；当下倾角在 5°～10°变化时，其天线方向图较机械天线的方向图稍有改善；当下倾角在 10°～15°变化时，其天线方向图较机械天线的方向图变化较大；当机械天线下倾 15°后，其天线方向图较机械天线的方向图明显不同，此时天线方向图形状改变不大，主瓣方向覆盖距离明显缩短，整个天线方向图都在本基站扇区内，增加下倾角，可以使扇区覆盖面积缩小，但不产生干扰，这样的方向图是我们需要的，因此采用电调天线能够降低呼损，减小干扰。

(a) 机械天线

(b) 电调天线

图 4.1.23 机械天线和电调天线

另外，电调天线允许系统在不停机的情况下对垂直面方向图下倾角进行调整，实时监测调整的效果，调整倾角的步进精度（为 0.1°）也较高，因此可以对网络实现精细调整。电调天线的三阶互调指标为－150 dBc，较机械天线相差 30 dBc，有利于消除邻频干扰和杂散干扰。电调天线和机械天线下倾比较如图 4.1.24 所示。

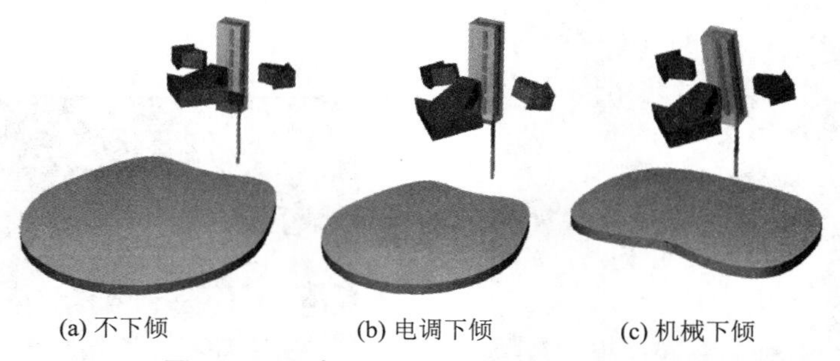
(a) 不下倾　(b) 电调下倾　(c) 机械下倾

图 4.1.24 电调天线和机械天线下倾比较

（5）双极化天线

双极化天线是一种新型天线技术，组合了＋45°和－45°两副极化方向相互正交的天线，并同时工作在收发双工模式下，因此其最突出的优点是节省了单个定向基站的天线数量。一般 GSM 的定向基站（三扇区）要使用 6 根天线，每个扇形使用 2 根天线（空间分集，一发两收），如果使用双极化天线，每个扇形只需要 1 根天线。同时由于在双极化天线中，＋45°/－45°的极化正交性可以保证＋45°和－45°两副天线之间的隔离度满足互调对天线间隔离度的要求（≥30 dB），因此双极化天线之间的空间间隔仅需 20～30 cm，从而降低了对架设安装的要求，不需要征地建塔，只需要架设一根直径 20 cm 的铁柱，将双极化天线按相应覆盖方向固定在铁柱上即可，既节省了基建投资，又使基站布局更加合理，基站站址的选定更加容易。另外，双极化天线具有电调天线的优点，在移动通信网中使用双极化天线同电调天线一样，可以降低呼损，减小干扰，提高全网的服务质量。＋45°/－45°双极化天线内部结构如图 4.1.25 所示。

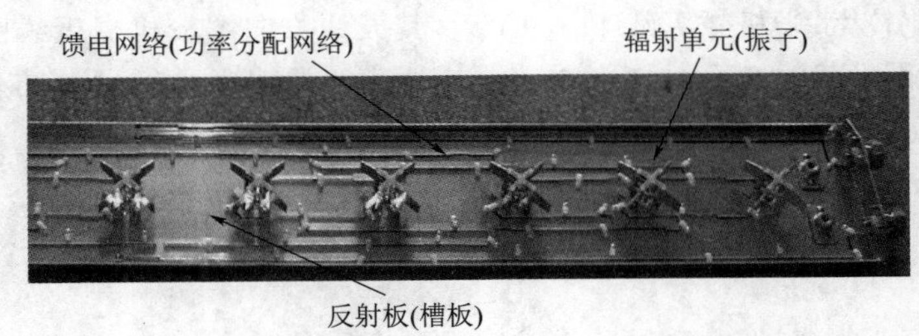


图 4.1.25　+45°/-45°双极化天线内部结构

(6)高增益栅状抛物面天线

人们常常选用栅状抛物面天线作为直放站天线。由于抛物面具有良好的聚焦作用，所以抛物面天线集射能力强，直径为 1.5 m 的栅状抛物面天线，在 900 MHz 频段，其增益即可达 20 dB，适用于点对点的通信。

抛物面采用栅状结构，一是为了减轻天线的重量，二是为了减少风的阻力。抛物面天线一般都能达到不低于 30 dB 的前后比，这也正是直放站系统防自激而对接收天线所提出的必须满足的技术指标。图 4.1.26 为典型的栅状抛物面天线外观。

(7)八木定向天线

八木定向天线广泛应用于米波及分米波的通信、雷达、电视及其他无线电系统中，具有增益较高、结构轻巧、架设方便、价格便宜等优点。因此，它适用于点对点的通信，是室内分布系统室外接收天线的首选天线类型，其外观如图 4.1.27 所示。

图 4.1.26　典型的栅状抛物面天线外观图

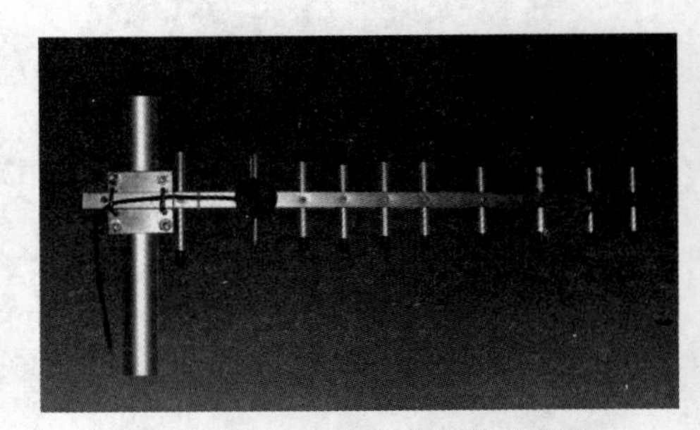

图 4.1.27　八木定向天线外观图

八木定向天线是一个紧耦合的寄生振子阵，引向天线结构如图 4.1.28 所示，由一个有源振子、一个反射振子及若干个引向振子等构成。有源振子近似为半波振子，主要作用是提供辐射能量；无源振子的作用是使辐射能量集中到天线的端向。其中稍长于有源振子的无源振子起反射能量的作用，称为反射器；较有源振子稍短的无源振子起引导能量的作用，称为引向器。借助这种结构，八木定向天线就可以得到所需的、更强的方向性，可以完成相对集中且较远距离的覆盖，适用于一些狭长区域信号的覆盖，如走廊、车站站台上/下行线路覆盖、隧道口中继收发和地铁环境等。

**2. 天线的选择**

天线的选择应根据移动通信网络的信号覆盖范围、话务量、干扰和网络服务质量等实际情况，选择适合本地区移动通信网络需要的移动通信天线。在基站密集的高话务地区，应尽

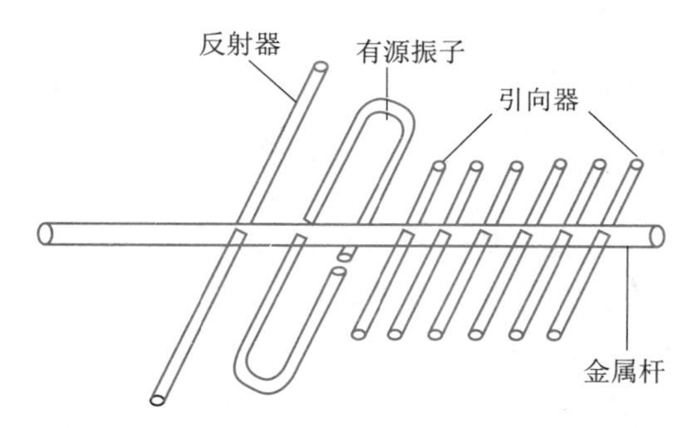


图 4.1.28　八木定向天线引向天线结构图

量采用双极化天线和电调天线；在边远地区和郊区等话务量不高、基站不密集地区和只要求覆盖的地区，可以使用传统的机械天线。我国目前的移动通信网络在高话务密度区的呼损较高，干扰较大，其中一个重要原因是机械天线下倾角过大，天线方向图严重变形。天线选择原则为：根据不同的环境要求，选择不同类型、不同性能的天线适应于不同的环境，满足不同用户需求。

(1)城区内话务密集地区

在话务量高度密集的市区，基站间的距离一般在 500～1 000 m，为合理覆盖基站周围 500 m 左右的范围，天线高度根据周围环境不宜太高，增益适中即可。因此，选择内置电调下倾的定向双极化天线，配合机械下倾，可以保证方向图水平半功率宽度在主瓣下倾的角度内变化较小。

(2)农村地区

在话务量很低的农村地区，主要考虑信号覆盖范围，基站大多是全向站。天线可考虑采用高增益的全向天线，天线架高可设在 40～50 m，同时适当增大基站的发射功率，以增加信号的覆盖范围，一般平原地区 −90 dBm 覆盖距离可达 5 km。

(3)铁路或公路沿线

在铁路或公路沿线主要考虑沿线的带状覆盖分布，可以采用双扇区型基站，每个扇区 180°，天线宜采用单极化 3 dB 波瓣宽度为 90°的高增益定向天线，两天线相背放置，最大辐射方向与铁路或公路的方向一致。

(4)城区内的一些室内或地下

在城区内的一些室内或地下，如高大写字楼内、地下超市和酒店的大堂等，信号覆盖较差，但话务量较高。为了满足这一区域用户的通信需求，可采用室内微蜂窝或室内分布系统，天线采用分布式的低增益天线，以避免信号干扰，影响通信质量。

扫一扫

4.1.5　天线参数的调整

## 【知识链接 5】　天线的调整

### 1. 天线高度的调整

天线高度直接与基站的覆盖范围有关。移动通信网络在建设初期，站点较少，为了保证覆盖，基站天线一般架设得较高。随着近些年移动通信的迅速发展，基站站点大量增多，在市区已经达到 500 m 左右一个基站。在这种情况下，必须减小基站的覆盖范围，降低天线的高度，以免严重影响网络质量。影响网络质量的方面主要有：

(1)话务不均衡

基站天线过高会使该基站的覆盖范围过大，进而使得该基站的话务量很大，而与之相邻的基站由于覆盖较小且被该基站覆盖，话务量较小，不能发挥应有作用，导致话务不均衡。

(2)系统内干扰

基站天线过高会造成越站无线干扰(主要包括同频干扰及邻频干扰),引起掉话、串话和有较大杂音等现象,从而使整个无线通信网络的质量下降。

(3)孤岛效应

孤岛效应是基站覆盖性问题,当基站覆盖在大型水面或多山地区等特殊地形时,由于水面或山峰的反射,使基站在原覆盖范围不变的基础上,在很远处出现“飞地”,“飞地”与相邻基站之间没有切换关系,因此“飞地”成为一个孤岛。当手机占用上“飞地”覆盖区的信号时,很容易因没有切换关系而引起掉话。基站天线过高,会引起孤岛效应的发生。

**2. 天线下倾角的调整**

天线下倾角的调整是网络优化中的一个非常重要的事情。选择合适的下倾角可以使天线至本小区边界的射线与天线至受干扰小区边界的射线之间处于天线垂直面方向图中增益衰减变化最大的部分,从而使受干扰小区的同频及邻频干扰减至最小;另外,可以调整覆盖范围,使基站实际覆盖范围与预期的设计范围相同,同时加强本覆盖区的信号强度。

在目前的移动通信网络中,由于基站的站点增多,使得我们在设计市区基站的时候,一般要求其覆盖范围大约为500 m,而根据移动通信天线的特性,如果不使天线有一定的下倾角(或下倾角偏小),则基站的覆盖范围会远大于500 m,因此会造成基站实际覆盖范围比预期范围偏大,从而导致小区与小区之间交叉覆盖,相邻切换关系混乱,系统内频率干扰严重;另一方面,如果天线的下倾角偏大,则会造成基站实际覆盖范围比预期范围偏小,产生小区之间的信号盲区或弱区,同时易导致天线方向图形状变化(如从“鸭梨”形变为“纺锤”形),从而造成严重的系统内干扰。因此,合理设置下倾角是移动通信网络质量的基本保证。

一般来说,下倾角的大小可以推算为

$$\theta=\arctan(h/R)+A/2$$

式中,$\theta$ 为天线的下倾角;$h$ 为天线的高度;$R$ 为小区的覆盖半径;$A$ 为天线的垂直面半功率角。

如图4.1.29所示,将天线主瓣的上垂直增益降低3 dB处(即垂直半功率角的一半)方向对准小区边缘时得出的,在实际的调整工作中,一般在由此得出的下倾角角度的基础上再加上1°~2°,使信号更有效地覆盖在本小区之内。

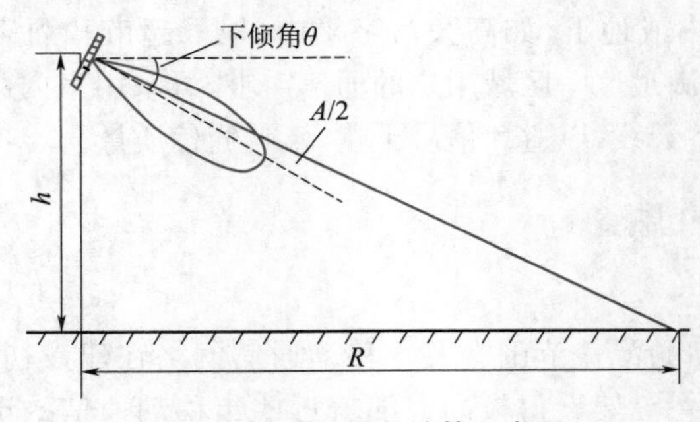


图4.1.29　下倾角计算示意图

**3. 天线方位角的调整**

天线方位角的调整对移动通信网络质量非常重要。一方面,准确的方位角能保证基站的实际覆盖与预期相同,保证整个网络的运行质量;另一方面,针对网络存在的具体情况对方位角进行适当的调整,可以更好地优化现有的移动通信网络。

在现行的GSM系统中,定向站一般被分为三个小区:

(1)A小区。天线方位角0°,指向正北。

(2)B小区。天线方位角120°,指向东南。

(3)C小区。天线方位角240°,指向西南。

在移动通信网络建设及规划中,一般按照规定对天线的方位角进行安装及调整,这是天线安装的重要标准之一。如果方位角设置与之存在偏差,则易导致基站的实际覆盖与设计不相符,从而引发同频及邻频干扰。

**4. 天线位置的优化调整**

由于后期工程、话务分布及无线传播环境的变化,在优化中会遇到一些基站很难通过天线方位角或下倾角的调整来改善局部区域覆盖或提高基站利用率的情况,为此就需要进行基站搬迁,重新进行站点选择和勘察。

## 【技能实训】天馈系统安装

**1. 实训目的及任务**

完成传统天线设备的抱杆式安装并对天线进行方位角和下倾角调整,初步掌握基站设备安装技能。

**2. 实训设备**

一体式基站架构的天馈设备1套。

**3. 实训内容**

(1)安装工具

天馈系统安装前需要先准备好工具,具体如图4.1.30所示。

(a) 一字螺丝刀　(b) 十字螺丝刀　(c) 活动扳手

(d) 指南针　(e) 倾角仪　(f) 套筒扳手

(g) 绝缘胶带　(h) 防水胶带　(i) 钢丝钳

图4.1.30　天馈系统安装工具

(2)安装步骤

①组装天线

a. 安装天线支架。按图 4.1.31 组装好天线的上支架和下支架。

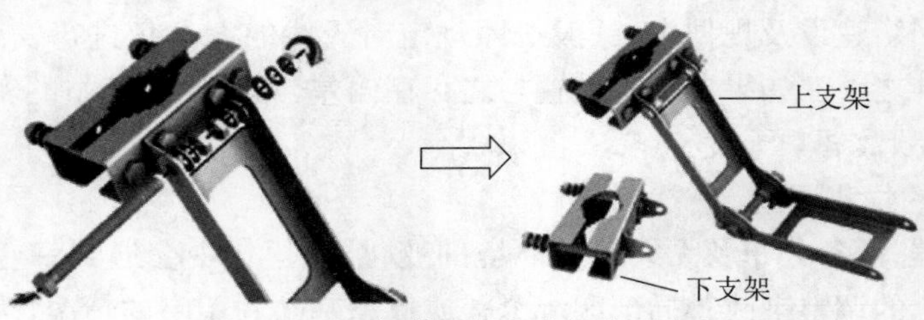


图 4.1.31 组装天线上支架和下支架

b. 安装支架到天线。安装支架到天线的一般顺序是先上后下,先安装好上支架到天线,然后安装下支架到天线,如图 4.1.32 所示。

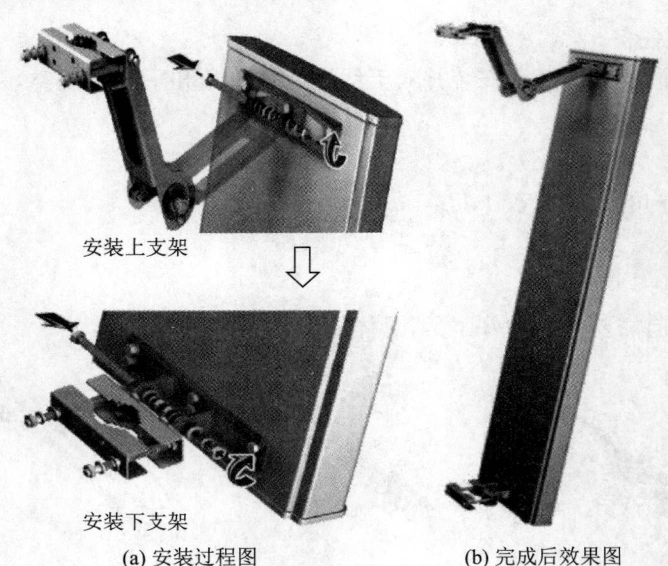


(a) 安装过程图　　(b) 完成后效果图

图 4.1.32 安装支架到天线

②连接天线侧跳线

a. 连接跳线至天线。

b. 密封接头。密封接头步骤如图 4.1.33 所示。缠绕胶带时,需保证上一层胶带覆盖下一层的 50%以上。缠绕防水胶带时,均匀拉伸防水胶带,使其宽度为原宽度的 1/2 后再缠绕。每缠一层都要拉紧压实。

③安装天线至抱杆

将天线安装到抱杆上如图 4.1.34 所示。

安装天线至抱杆时,为了便于调整天线方位角,先要将上、下支架的螺栓拧上但不要拧紧,只要保证天线不会向下滑落即可。

注意:安装时,天线应在避雷针保护区域内,即避雷针顶点下倾 45°范围内。

④调整方位角

如图 4.1.35 所示,配合指南针,左右转动天线,使方位角满足要求。调整好天线方位角后,将天线上、下支架的螺栓拧紧。

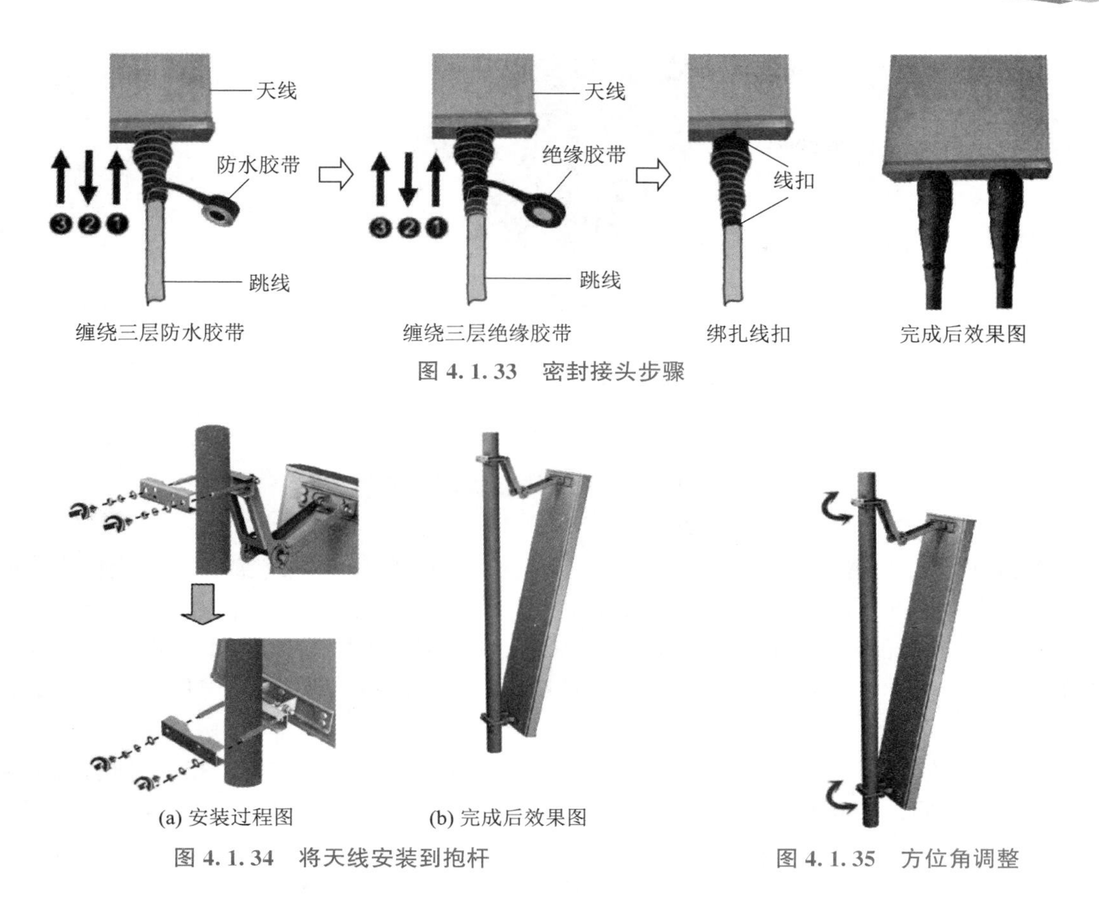


缠绕三层防水胶带　　缠绕三层绝缘胶带　　绑扎线扣　　完成后效果图

图 4.1.33　密封接头步骤

(a) 安装过程图　　(b) 完成后效果图

图 4.1.34　将天线安装到抱杆

图 4.1.35　方位角调整

⑤调整天线下倾角

方法 1:使用天线上支架的刻度盘,前后转动天线,直至对准刻度盘上的相应刻度,如图 4.1.36 所示。

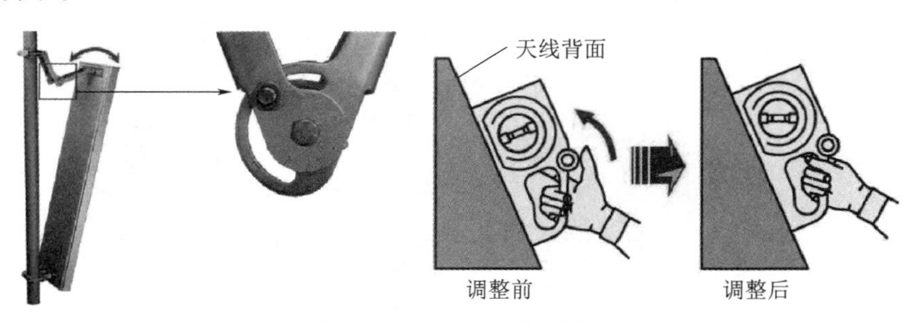


图 4.1.36　下倾角调整

方法 2:将倾角仪的倾角调到工程设计要求的角度,贴在天线背面,前后转动天线,直至倾角仪的水珠水平居中。

方法 3:旋转天线下方的齿轮,将刻度轴滑动到合适的刻度上(仅适用于电调天线),如图 4.1.37 所示。

**4. 天线安装的其他要求**

为降低两系统间干扰,天线之间要有一定的隔离度,在工程中通常要求隔离度应至少大于 30 dB。为满足该要求,常采用使天线在垂直面方向隔开或在水平面方向隔开的方法。实

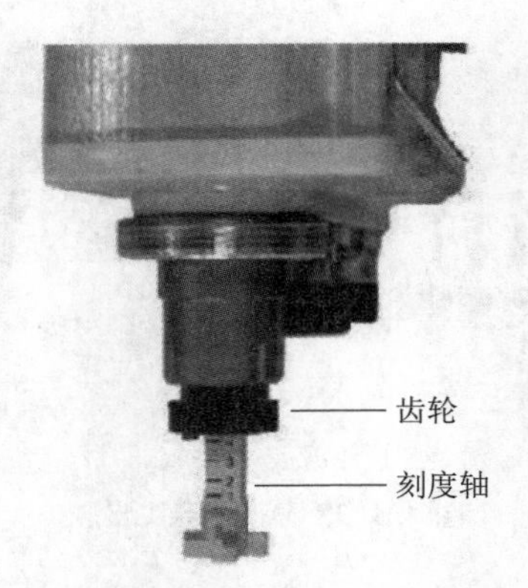


图 4.1.37　下倾角调整(电调天线)

践证明,天线间距相同时,垂直安装比水平安装能获得更大的隔离度。

总的来说,天线的安装应注意以下几个问题:

(1)定向天线的塔侧安装。为了减少铁塔对天线方向图的影响,安装时应注意定向天线的中心至铁塔的距离为 $\lambda/4$ 或 $3\lambda/4$ 时($\lambda$ 指载波波长,单位为 m),可获得塔外的最大方向性。

(2)全向天线的塔侧安装。为了减少铁塔对天线方向图的影响,原则上铁塔不能成为天线的反射器。因此在安装中,天线应安装于铁塔棱角上,并且使天线与铁塔任一部位的最近距离大于 $\lambda$。

(3)多天线共塔。要尽量减少不同网络收发信天线之间的耦合作用和相互影响,设法增大天线相互之间的隔离度。最好的办法是增大相互之间的距离。天线共塔时,应优先采用垂直安装。

(4)对于传统的单极化天线(垂直极化),由于天线之间(RX-TX、TX-TX)的隔离度(≥30 dB)和空间分集技术的要求,天线之间一般垂直距离约为 50 cm,水平距离约为 4.5 m,这时必须增加基建投资,以扩大安装天线的平台。对于双极化天线(+45°/−45°极化),由于+45°/−45°的极化正交性可以保证+45°和−45°两副天线之间的隔离度满足互调对天线间隔离度的要求(≥30 dB),因此双极化天线之间的空间间隔仅需 20～30 cm,移动通信基站不需兴建铁塔,只需要架一根直径 20 cm 的抱杆,将双极化天线按相应覆盖方向固定在抱杆上即可。

## 【任务评价】

<table>
<tr><td>项目名称</td><td colspan="2"></td><td>任务名称</td><td></td></tr>
<tr><td>小组成员</td><td colspan="2"></td><td>综合评分</td><td></td></tr>
<tr><td rowspan="7">学生<br>自评</td><td colspan="4">理论任务完成情况</td></tr>
<tr><td>序号</td><td>知识考核点</td><td>自评意见</td><td>自评结果</td></tr>
<tr><td>1</td><td>基站天线的演进</td><td></td><td></td></tr>
<tr><td>2</td><td>天线的原理及结构</td><td></td><td></td></tr>
<tr><td>3</td><td>天线的主要性能参数</td><td></td><td></td></tr>
<tr><td>4</td><td>天线的类型及选择</td><td></td><td></td></tr>
<tr><td>5</td><td>天线的调整</td><td></td><td></td></tr>
</table>

续上表

<table>
<tr><td>项目名称</td><td colspan="2"></td><td>任务名称</td><td></td></tr>
<tr><td>小组成员</td><td colspan="2"></td><td>综合评分</td><td></td></tr>
<tr><td rowspan="15">学生自评</td><td colspan="4">训练任务完成情况</td></tr>
<tr><td>项目</td><td>内　　容</td><td>评价标准</td><td>自评结果</td></tr>
<tr><td rowspan="2">训练准备</td><td>设备及备品</td><td>机具材料选择正确</td><td></td></tr>
<tr><td>人员组织</td><td>人员到位，分工明确</td><td></td></tr>
<tr><td rowspan="2">训练方法</td><td>训练方法及步骤</td><td>训练方法及步骤正确</td><td></td></tr>
<tr><td>操作过程</td><td>操作熟练</td><td></td></tr>
<tr><td rowspan="2">实训态度</td><td>参加实训操作积极性</td><td>积极参加实训操作</td><td></td></tr>
<tr><td>纪律遵守情况</td><td>严格遵守纪律</td><td></td></tr>
<tr><td rowspan="3">质量考核</td><td>天线安装</td><td>天线安装步骤正确，操作过程规范</td><td></td></tr>
<tr><td>天线跳线连接</td><td>接头安装到位，密封到位</td><td></td></tr>
<tr><td>天线调整</td><td>天线方位角和下倾角调整无误，工具使用正确，操作过程规范</td><td></td></tr>
<tr><td rowspan="2">安全考核</td><td>安全操作</td><td>按照安全操作流程进行操作</td><td></td></tr>
<tr><td>考核训练后现场整理</td><td>机具材料复位，现场整洁</td><td></td></tr>
<tr><td colspan="4">（根据个人实际情况选择：A. 能够完成；B. 基本能完成；C. 不能完成）</td></tr>
<tr style="display:none"><td colspan="4"></td></tr>
<tr><td>学习小组评价</td><td colspan="4">团队合作□ 学习效率□ 获取信息能力□ 交流沟通能力□ 动手操作能力□<br>（根据完成任务情况填写：A. 优秀；B. 良好；C. 合格；D. 有待改进）</td></tr>
<tr><td>老师评价</td><td colspan="4"></td></tr>
</table>

# 任务 2　基站通信设备安装及连接

## 【任务引入】

基站通信设备是基站通信运行的核心设备，包括室外设备和室内设备两部分，一般天馈系统安装在室外，通信主设备安装在室内。本任务以 5G 基站通信设备安装为例，介绍基站通信设备的安装及连接。

## 【任务单】

<table>
<tr><td>任务名称</td><td>基站通信设备安装及连接</td><td>建议课时</td><td>4</td></tr>
<tr><td colspan="4">任务内容：<br>1. 掌握基站通信设备安装流程。<br>2. 认知基站安装工具与测试仪器。<br>3. 规范安装 5G 基站通信设备</td></tr>
</table>

续上表

| 任务名称 | 基站通信设备安装及连接 | 建议课时 | 4 |
|---|---|---|---|
| 任务设计：<br>1. 课前准备，复习 5G 基站设备的组成。<br>2. 情景模拟，岗位代入，完成设备安装前准备工作，正确选择相关施工工具与测试仪器。<br>3. 技能实训：分组合作完成 5G 基站通信设备的仿真安装 | | | |
| 建议学习方法 | 老师讲解、分组讨论、实训教学 | 学习地点 | 实训室 |

## 【知识链接 1】 设备安装前准备工作

各代移动通信设备安装流程基本相同，即安装准备→开箱验货→安装设备→安装配套设备→安装检查→设备上电→收尾工作，如图 4.2.1 所示。

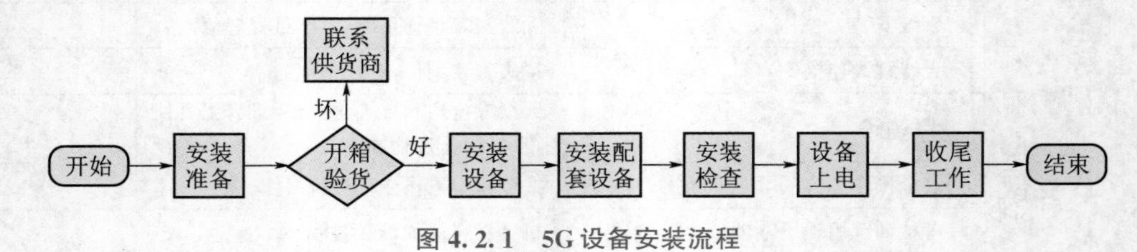


图 4.2.1　5G 设备安装流程

### 1. 安装准备

安装工程中可能使用到的施工工具与测试仪器见表 4.2.1。

表 4.2.1　安装过程中的施工工具与测试仪器

| 项目 | 施工工具与测试仪器清单 | | | | |
|---|---|---|---|---|---|
| 测量画线工具 | 卷尺 | 水平尺 | 记号笔 | | |
| 打孔工具 | 电动冲击钻 | 配套钻头（若干） | 吸尘器 | | |
| 紧固工具 | 螺丝刀 | 内六角扳手 | 活动扳手 | 力矩扳手 | 套筒扳手 |

续上表

| 项目 | 施工工具与测试仪器清单 | | | | |
|---|---|---|---|---|---|
| 钳工工具 | 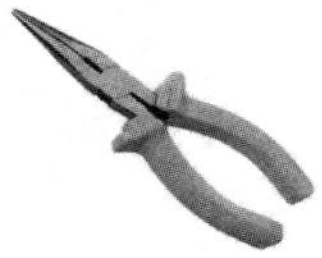 尖嘴钳 |  斜口钳 |  钢丝钳 |  液压钳 |  剥线钳 |
| 辅助工具和材料 |  滑轮组 |  绳子 |  安全帽 |  防滑手套 |  梯子 |
| |  电源接线板 |  热吹风机 |  锉刀 |  钢锯 |  毛刷 |
| |  美工刀 | 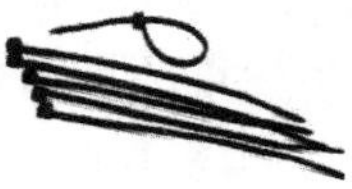 扎带 |  防水胶带 |  绝缘胶带/防紫外线胶带 |  羊角锤 |
| 专用工具 |  多功能压接钳 |  网线水晶头压线钳 |  同轴电缆剥线器 |  馈线头刀具 |  指南针 |
| 仪表 |  万用表 |  地阻测量仪 |  网线测试仪 | | |

**2. 开箱验货**

(1)包装检查

打开设备包装之前需要检查设备外包装的破损情况。如果是运输环节中造成的破损要在有厂家代表在场的情况下打开包装,检查设备机架和硬件各功能板卡有没有破损,同时将详细破损情况通知发货人。

(2)开箱清点货物

①开箱验货时,客户代表、厂家代表、施工代表以及监理四方人员必须都在场。

②检查包装箱是否完好,如有错货、缺货或破损,应立即与运输公司联系。

③检查箱内货物是否与验货清单相符。

④检查设备外表是否有凹、凸、划痕、脱皮、起泡及污痕等现象。

⑤检查安装所需的各种配件是否配套、完整。

(3)开箱验货注意事项

①操作时不要暴力拆解,注重技巧,防止损坏设备。

②开箱后的设备应放在干燥、安全的房间内。

③如暂时不能开工,货物开箱验货完后应将设备重新包装好后保存。

④当设备从温度较低、较干燥的地方移至温度较高、较潮湿的地方时,至少必须等30分钟以后再拆封,否则容易导致潮气凝聚在设备表面,损坏设备。

⑤在开箱验货过程中尽量不从防静电袋中取出电路板,等到单板上架时再打开防静电袋。另外,不要破坏防静电袋,在以后的备板保存和故障板返修中仍需使用。

(4)货物移交

验货完毕,工程督导和客户代表须在“开箱验货报告”上签字确认。“开箱验货报告”双方各执一份,工程督导应在7天内将“开箱验货报告”及时反馈给当地办事处和物流部门。

## 【知识链接2】 5G基站设备安装

### 1. 机柜安装

(1)将机柜(也称集中柜)搬运放置在机房指定安装位置,注意柜体垂直度,机柜正面、背面与柜顶走线架保持水平。安装柜体时,可先将前后柜门拆卸下来,如图4.2.2所示。

(2)使用自攻螺钉,将机柜底部固定在机房地板上,如图4.2.3所示。为使机柜设备可在发生地震等情况下固定牢靠,需使用机柜防震压板将设备和地面固定。

(3)由于机柜内要安装BBU,因此需要把BBU安装位置后侧的走线槽支架拆除掉,便于BBU的安装,如图4.2.4所示。

(a)　　(b)

图4.2.2　机柜安装

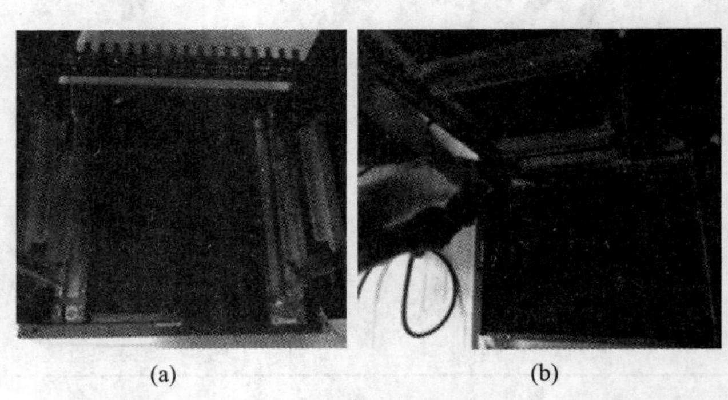

(a)　　(b)

图4.2.3　机柜底部安装

图4.2.4　机柜后侧走线槽支架拆除

**2. BBU 组件安装**

以 BBU V9600 为例介绍 BBU 的安装过程，具体步骤如下：

(1)将 BBU 设备插入机柜指定位置的托架上，使其两侧耳部紧靠机柜两侧的固定筋，如图 4.2.5 所示。

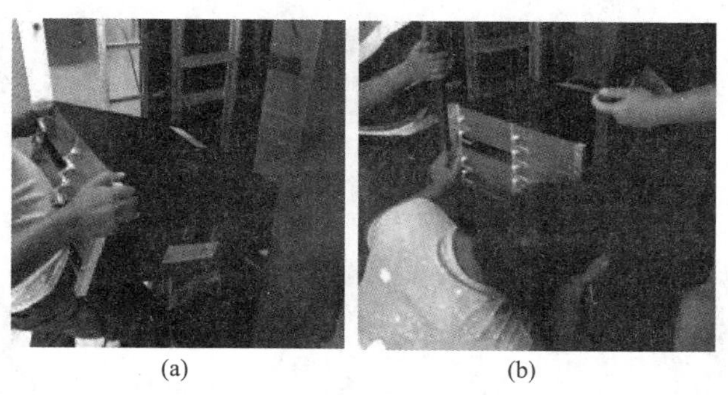

(a)　　(b)

图 4.2.5　将 BBU 设备插入托架

(2)在机柜两侧固定筋的对应位置安装浮动螺母，并用 M6 螺栓固定 BBU 设备，如图 4.2.6 所示。

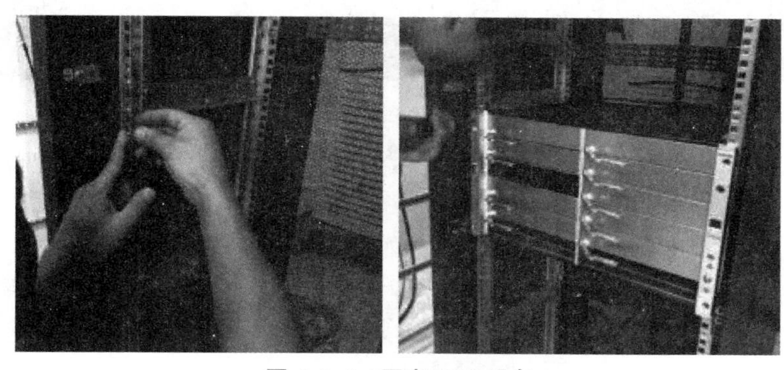

图 4.2.6　固定 BBU 设备

(3)拆卸 BBU 设备正面的假面板。用拇指按住蓝色按钮，向外侧扳动扳手使模块连接器脱开，然后平缓向外拉出假面板，如图 4.2.7 所示。

图 4.2.7　拆卸 BBU 设备正面的假面板

(4)插入单板。插入前确认模块前面板扳手处于脱开状态，将单板对准指定槽位，平放向前平缓推入，当扳手支角与插箱接触时，将扳手向内侧扳动，直到蓝色按钮自动扣住为止，如图 4.2.8 所示。

图 4.2.8 插入单板

(5)BBU 安装完成,其正面及背面如图 4.2.9 所示。

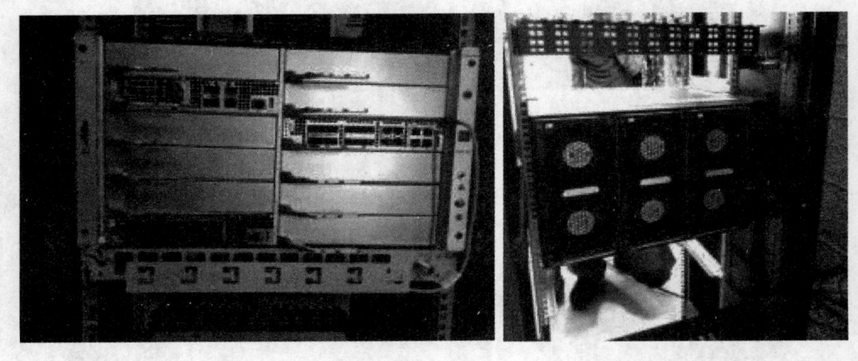

(a)正面　　(b)背面

图 4.2.9 BBU 安装完成

**3. 安装 AAU**

以 A9601 为例介绍 AAU 的安装过程,其外观及最小安装空间要求如图 4.2.10 所示。

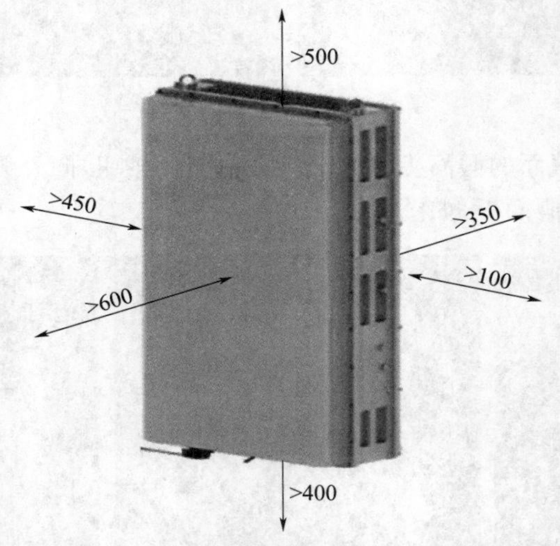


图 4.2.10 A9601 外观及最小安装空间要求(单位:mm)

安装过程如下:

(1)拆分安装支架,如图 4.2.11 所示。

(2)用力矩扳手检查安装支架(上)和安装支架(下)是否紧固到位,保证螺栓、弹簧垫圈、平垫圈无遗漏,紧固力矩 40 N·m,如图 4.2.12 所示。

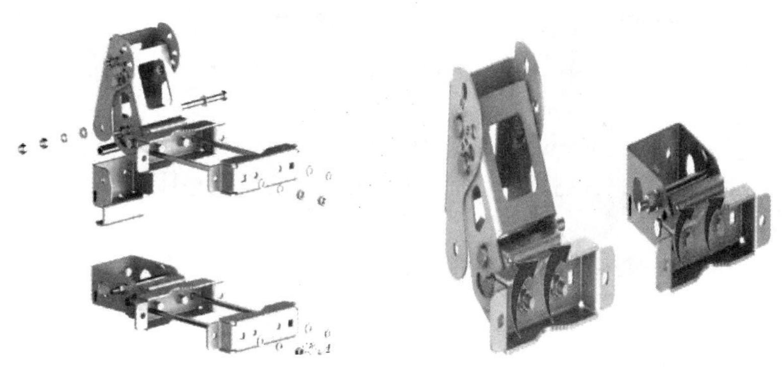

图 4.2.11　拆分安装支架　　　　图 4.2.12　安装支架

(3)使用 M10×25 螺栓组合件将安装支架的设备紧固件和安装支架(下)固定到整机上，力矩 40 N·m。注意:安装支架的丝印黑色“箭头”标识均为向上。

(4)将安装支架(上)的角度调节件安装至设备紧固件上,具体步骤如图 4.2.13 所示。

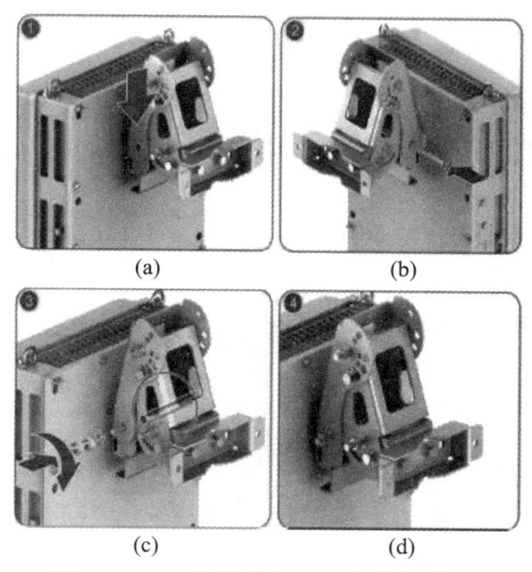

图 4.2.13　安装支架(上)角度调节件

部分 AAU 的安装支架(上)使用的角度调节件没有固定的调节螺孔,而是弧状滑槽,螺杆可在滑槽内移动调整角度。另外,整个角度调节件的侧面还有一个支撑杆,通过侧面的螺栓在支撑杆上的固定距离来紧固下倾角的状态。如图 4.2.14 所示,其中黑色部分是角度调节件。

图 4.2.14　弧状滑槽型 AAU 支架(上)

(5)根据需求调整下倾角,并紧固角度调整螺栓。

(6)吊装整机上抱杆,通过牵引绳牵引设备紧靠安装位置,如图 4.2.15 所示。

注意事项:

①要求抱杆直径 60～120 mm,抱杆壁厚 4 mm。

②吊装时,抱杆件(2 个)、长螺栓(4 个)、螺母(8 个)、弹簧垫圈(4 个)、平垫圈(4 个)需要单独携带上抱杆。

(7)将长螺栓及平垫圈、弹簧垫圈穿过上、下安装支架,将整机固定在抱杆上,如图 4.2.16 所示。

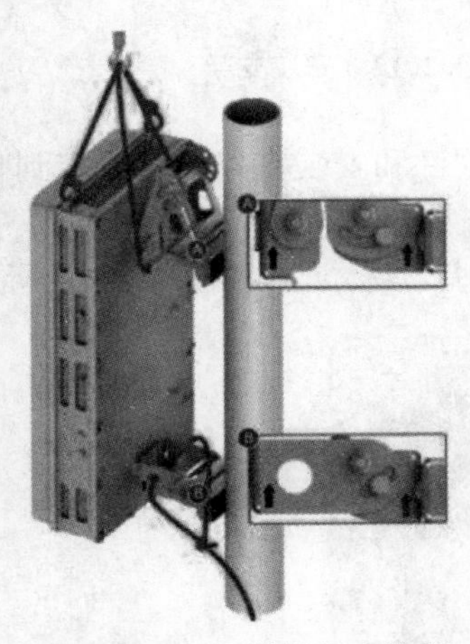

图 4.2.15 吊装整机上抱杆

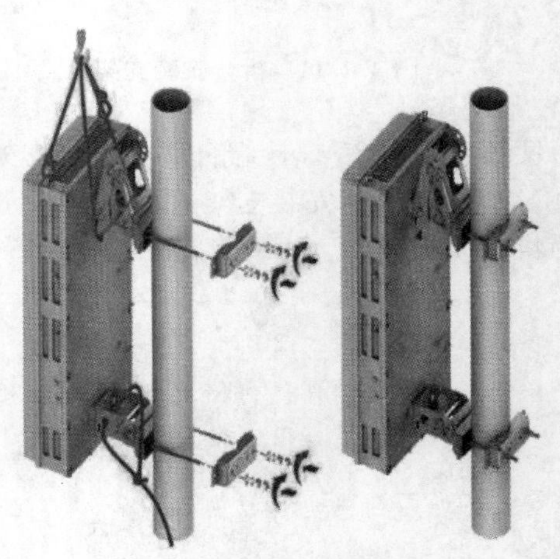

图 4.2.16 固定至抱杆

至此,AAU 设备安装完成。

**4. 安装 GPS 天线**

(1)确定 GPS 安装位置

①根据设计文件确定 GPS 安装位置。

②GPS 安装位置仰角大于 120°,天空视野开阔,在相同位置用手持 GPS 至少可以锁定四颗以上的 GPS 卫星。注意不要受移动通信天线正面主瓣近距离辐射,不要位于微波天线的微波信号下方。高压电缆下方及电视发射塔的强辐射下。

③屋顶上装 GPS 天线(蘑菇头)时,安装位置应高于屋面 30 cm。从防雷的角度考虑,安装位置应尽量选择楼顶的中央,尽量不要安装在楼顶四周的矮墙上,一定不要安装在楼顶的角上,因为楼顶的角最易遭到雷击。当站型为铁塔站时,应将天线安装在机房屋顶上。若屋顶上没有合理安装位置而要将 GPS 天线安装在铁塔上时,应选择将 GPS 天线安装在塔南面并距离塔底 5～10 m 处,不能将 GPS 天线安装在铁塔平台上。GPS 抱杆离塔身不小于 1.5 m。

④GPS 天线应安装在避雷针的 45°保护范围内。

⑤GPS 馈线推荐选用 1/4″馈线,最长可支持 120 m。GPS 馈线长度大于 120 m 时,需按长度增配功率放大器。确定安装位置时,需考虑 GPS 馈线长度。

(2)GPS 天线安装流程如图 4.2.17 所示。

①将馈线穿进不锈钢抱杆,在 GPS 馈线上安装上 N 型直式公头(1/2″馈线时采用 1/2″N 型直式公头,1/4″馈线时采用 1/4″N 型直式公头)。

②将 N 型直式公头拧紧到 GPS 天线上。

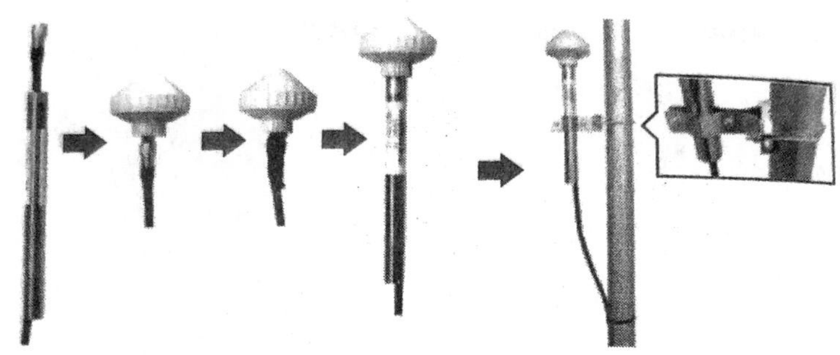

图 4.2.17 GPS 天线安装流程

③如图 4.2.18 所示,按照“1 层绝缘胶带+1 层防水胶带+1 层防紫外线胶带”的方式做 N 型直式公头接头处的防水处理,目的是保证接头金属裸露部位的防水、防锈、防腐蚀(现场视不锈钢抱杆的直径而定,若直径太小,不得已则采取直接缠绕 5 层绝缘胶带的方式)。

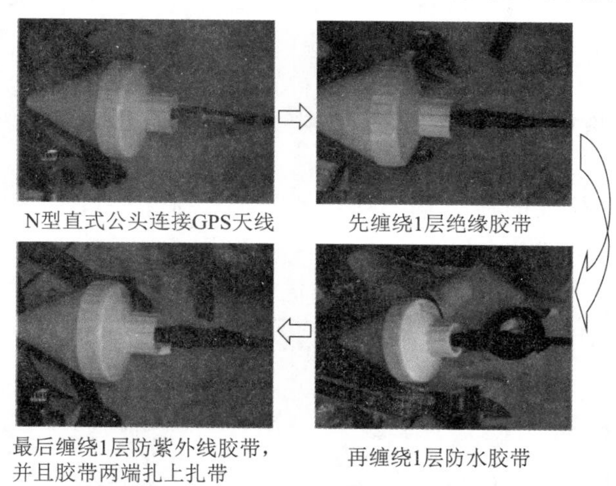


图 4.2.18 GPS N 型直式公头防水处理

④如图 4.2.19 所示,将不锈钢抱杆拧紧至 GPS 天线(蘑菇头),连接处必须做“1 层绝缘胶带+3 层防水胶带+3 层防紫外线胶带”的防水处理,在防水处最外层防紫外线胶带上、下两端用黑色扎带绑扎。

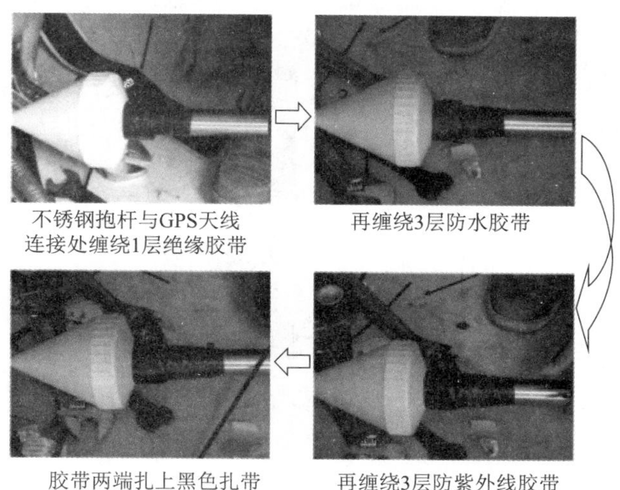


图 4.2.19 GPS 与锈钢抱杆接头防水处理

⑤通过安装件将 GPS 天线进行抱杆安装或挂墙安装,不锈钢抱杆下部管口与馈线连接处严禁做防水处理,如图 4.2.20 所示。

图 4.2.20　禁做防水处理示意图

⑥GPS 馈线布放。GPS 馈线在室外走线架走线时,要求走线平直、无交叉,采用 GPS 馈线 2 连固定卡固定;无走线架时用膨胀螺栓打入墙体,用馈线卡固定或用金属卡固定。

⑦GPS 避雷器安装。BBU V9600 两块主控板均需要接入 GPS 信号,所以 GPS 避雷器型号为 1 分 2,输入 1 路 N 型馈线接口,输出 2 路 SMA 跳线接口。

以下安装步骤使用 1 路 SMA,如图 4.2.21 所示。

a. 在 GPS 避雷器上安装 SMA 跳线(双直头),如图 4.2.21(a)所示。

b. 在走线导风插箱上安装 GPS 避雷器,注意图中避雷器的方位,三个安装圈不得缺漏,如图 4.2.21(b)所示。

c. 将走线导风插箱插入 V9600 下方,固定紧螺栓,确保无松动现象,如图 4.2.21(c)所示。

d. 将 GPS 避雷器跳线的另一端 SMA 直头拧紧到交换板(VSW)的 GPS 天线接口(REF)上,如图 4.2.21(d)所示。

e. 将 GPS 馈线通过 1/4″N 型弯式公头连接到 GPS 避雷器的馈线接口上,如图 4.2.21(e)所示,馈线接头需要套黑色热缩套管 5 cm 并热缩。如果使用 1 分 2 避雷器,则 1/4″馈线拉远不得超过 100 m。

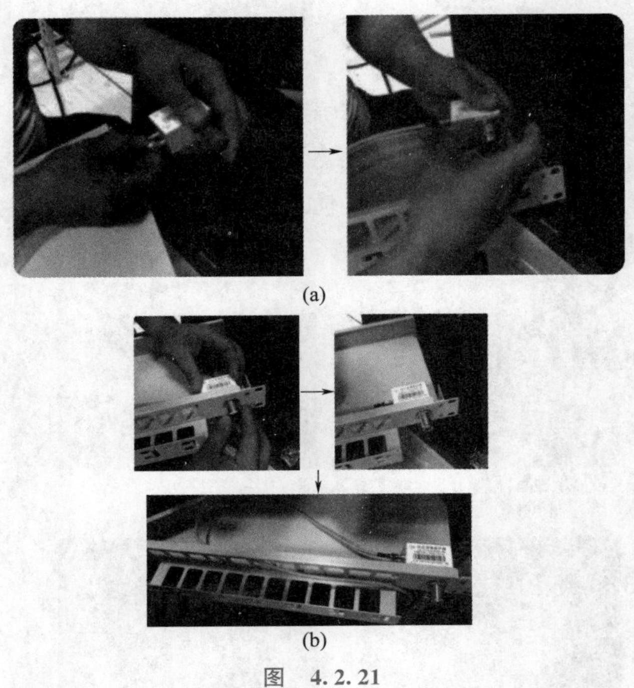

(a)

(b)

图　4.2.21

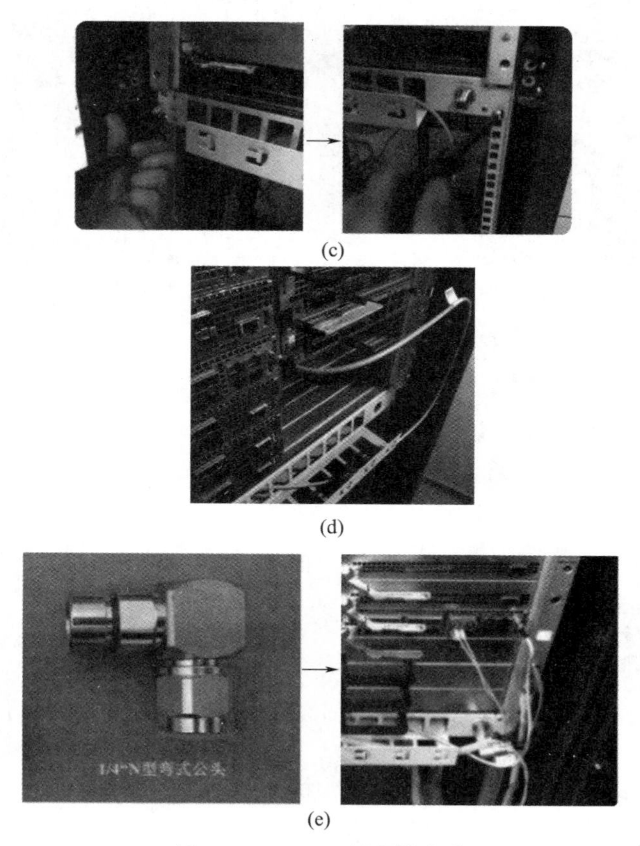


(c)

(d)

(e)

图 4.2.21　GPS 避雷器安装

**5. 光纤安装**

(1)BBU 侧光纤安装

V9600 单板槽位布局如图 4.2.22 所示。

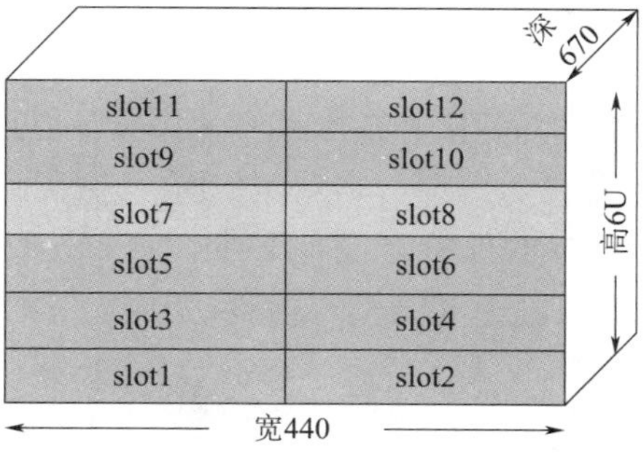

| | |
|---|---|
| slot11 | slot12 |
| slot9 | slot10 |
| slot7 | slot8 |
| slot5 | slot6 |
| slot3 | slot4 |
| slot1 | slot2 |

深670　高6U　宽440

图 4.2.22　V9600 单板槽位布局图(单位:mm)

其中 slot1、slot3、slot5 槽位为基带板,连接到 AAU 的光纤;slot7、slot8 槽位为主控交换板,连接到 PTN 设备或光交换机。由于 V9600 机框有 6U 的高度,不再适合横跨单板下走线的布局,故此次采用左侧单板的线缆水平向左直接出线,右侧单板的线缆水平向右直接出线,分别沿机柜两侧绑扎走线的方式,如图 4.2.23 所示。

(a) 水平向左直接出线　　(b) 水平向右直接出线

图 4.2.23　机柜走线方式

(2)AAU 侧光纤安装

A9601 的维护窗在侧面,维护窗内只用来连接光纤。A9601 使用 100G 的光模块,如图 4.2.24 所示,针脚朝向左侧,若插反则无法插入到底。

AAU 侧光缆接头如图 4.2.25 所示。黑色橡胶套用于铁塔吊装光缆时绑线使用,将光缆插入 AAU 光模块前可卸除;光纤护帽在光缆插入 AAU 光模块前不可拔掉,以免污染光接口。

图 4.2.24　100G 的光模块

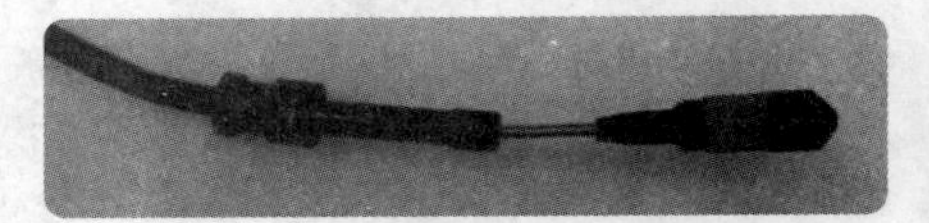

图 4.2.25　AAU 侧光缆接头

AAU 侧光纤安装步骤具体如图 4.2.26 所示。

①用内六角扳手打开 A9601 维护窗,如图 4.2.26(a)所示。

②松开维护窗内压线夹,如图 4.2.26(b)所示。

③将 100G 光模块插入 AAU 的光模块插槽,注意光模块的方向(拔出光模块时,用手指勾住蓝色手柄,由光模块插槽向外拉出),如图 4.2.26(c)所示。

④将光纤接头的保护盖拆除,并摘掉光模块的黑色防尘帽,如图 4.2.26(d)所示。

⑤将光纤插入光模块,注意光纤接头有凸槽的一面朝向右侧,与光模块内的凹槽吻合,如图 4.2.26(e)所示。

⑥压下维护窗内压线夹,紧固压线夹压线螺栓,关闭维护窗,并拧紧螺栓防水,如图 4.2.26(f)所示。

⑦光纤穿过维护窗的出线卡槽,保持与设备下缘 200 mm 长度的垂直走线,不能弯曲受力;将光纤的另一端连接至 BBU,挂上光纤塑料标签,完成光纤的安装。

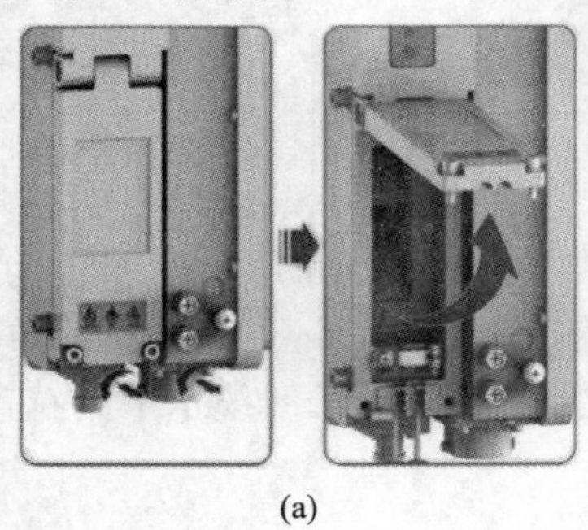

(a)

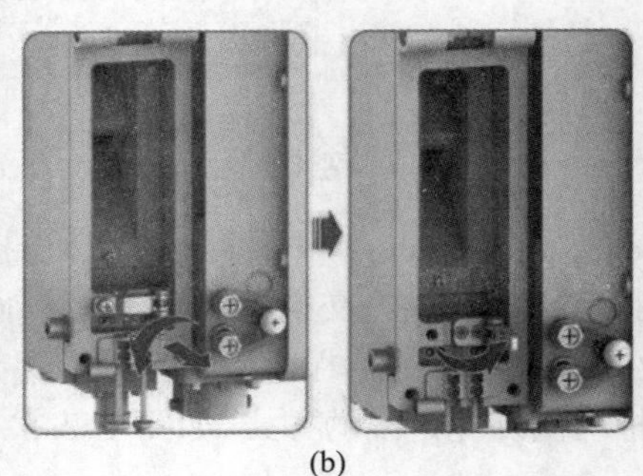

(b)

图　4.2.26

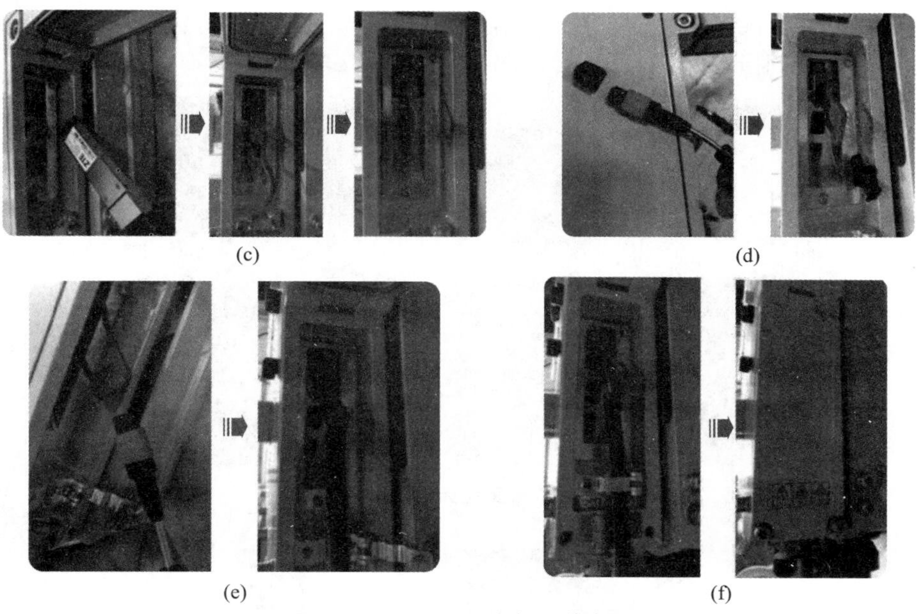

(c)　(d)

(e)　(f)

图 4.2.26　AAU 侧光纤安装步骤

5G 设备的安装流程与移动通信设备的安装流程基本相同，区别在于 2G、3G、4G 网络宏基站机柜安装笨重烦琐，尤其是老式载频板机柜，安装工艺要求高；5G 设备产品安装便捷，BBU 模块采用集中柜插入安装，在机房条件有限的情况下可以挂墙安装，而射频单元分离至室外安装，让 5G 设备的安装更加便捷。

扫一扫

4.2.1　仿真—5G 基站通信设备安装

## 【技能实训】5G 基站通信设备安装

**1. 实训内容**

在“5G 站点工程建设”仿真软件中，根据项目 3 之任务 2 的“【技能实训】基站工程图纸设计”中绘制的设计图纸，完成 5G 基站通信设备的安装。

**2. 实训环境及设备**

装有 IUV“5G 站点工程建设”仿真软件的计算机一台。

**3. 实训步骤及注意事项**

单击“工程实施”，进入设备安装界面。

步骤一：安装天面设备

(1)单击“视角切换”，切换到商业广场全景。在右侧图例处选择“租赁机房”，用鼠标单击选中拖放到租赁机房处。

(2)在右侧图例处选择美化方柱，按设计图纸(图 3.2.1)的要求，拖放到指定位置，重复上述步骤完成四个美化方柱的安装，如图 4.2.27 所示。

(3)在右侧图例处选择 5G AAU 天线，用鼠标单击分别拖放到四个美化方柱上。

(4)在右侧图例处选择 GPS，用鼠标单击选中拖放到绘制区提示框中，如图 4.2.27 所示。

(5)单击“视角切换”，切换到第一人称视角。通过按动键盘“W”“S”“A”“D”按键前、后、左、右移动，鼠标右击调整视角。在右侧图例处选择“接地排”，鼠标单击拖放到指定位置，如图 4.2.28 所示。至此，机房室外设备安装完毕。

步骤二：安装机房室内设备

(1)单击“视角切换”，切换到租赁机房全景。根据设计图纸，在右侧工具箱依次选择“电源柜""综合柜""交流配电箱""蓄电池组""监控＋防雷器""空调""消防器材""馈线窗""接地排",鼠标单击安装到指定位置,如图 4.2.29 所示。

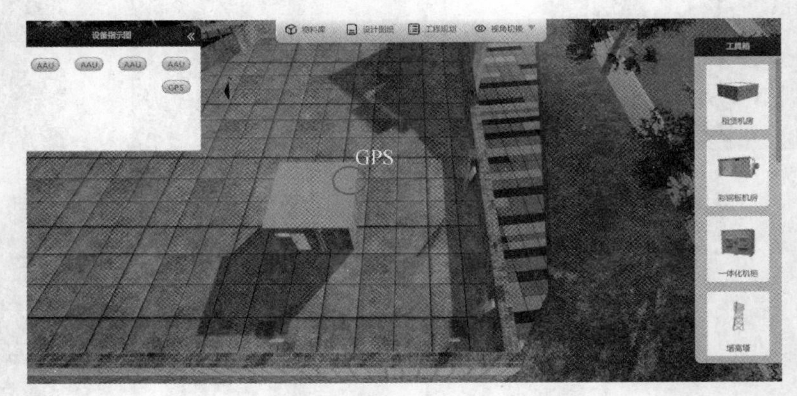


图 4.2.27　美化天线及 GPS 安装

图 4.2.28　接地排安装

(2)在右侧工具箱分别选择"水平走线架(横)""垂直走线架""水平走线架(竖)",鼠标单击拖放到指定位置,如图 4.2.30 所示。

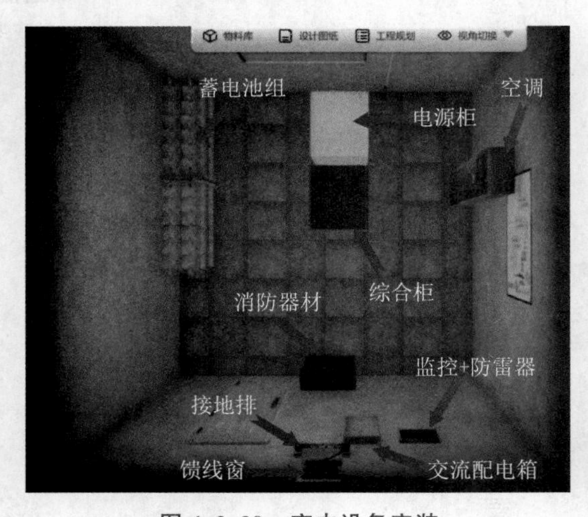


图 4.2.29　室内设备安装

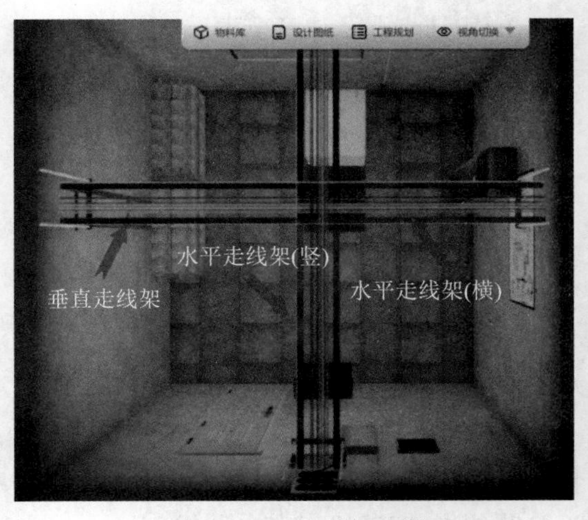


图 4.2.30　走线架安装

(3)安装综合柜内板卡。单击“视角切换”，切换到第一人称视角。通过按动键盘“W”“A”“S”“D”按键前、后、左、右移动，鼠标右击调整视角。在右侧工具箱内分别选择“BBU”“ODF”“SPN”“接地排(柜内)”，依次拖放到左侧综合柜柜内指定位置(通常机柜内部布置方式从上到下依次为BBU、ODF、SPN和接地排)，如图 4.2.31 所示。至此，所有设备安装完毕，开始进行设备连线。

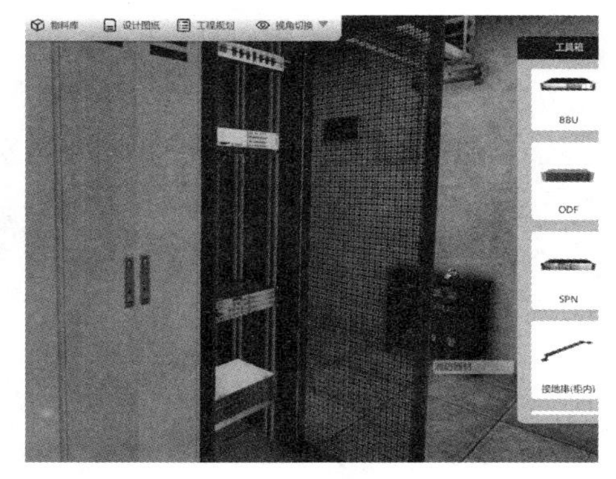

图 4.2.31 综合柜内板卡安装

步骤三：设备间通信线缆连接

(1)BBU 与 AAU 接线。单击左侧设备指示图中的 AAU，快捷切换到 AAU 底板。在右侧工具箱内用鼠标单击光纤 LC-LC，再次单击将光纤一端连接在 AAU 10GE 端口上，如图 4.2.32(a)所示。单击左侧设备指示图中的 BBU，快捷切换到 BBU 面板，再次单击将光纤另外一端连接在基带板 BP5G 单板的 10GE 端口上。

注意：通信双方端口速率一定要匹配。重复上述操作，完成 BBU 与 4 个 AAU 连接，如图 4.2.32(b)所示。

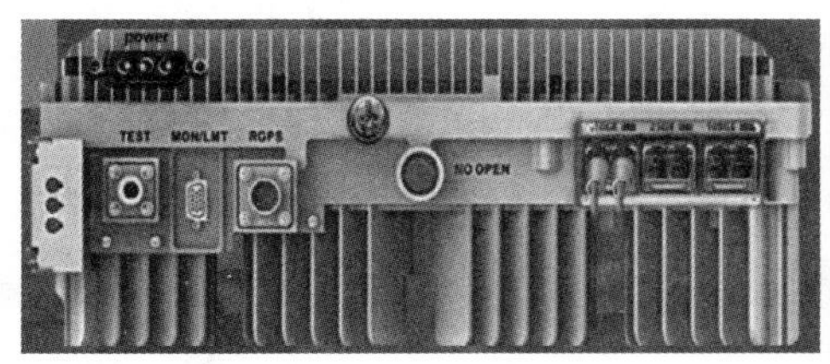

(a) AAU侧接口

(b) BBU侧接口

图 4.2.32 BBU 与 AAU 接线

(2)BBU 与 SPN 接线。在右侧工具箱内用鼠标单击光纤 LC-LC，再次单击将光纤一端连接在交换板 SW5G 单板的 25GE 端口上，如图 4.2.33(a)所示。单击左侧设备指示图中的 SPN，快捷切换到 SPN 面板，再次单击将光纤另外一端连接在交换板的 25GE 端口上，如图 4.2.33(b)所示。注意：通信双方端口速率一定要匹配。

(a) BBU侧接口

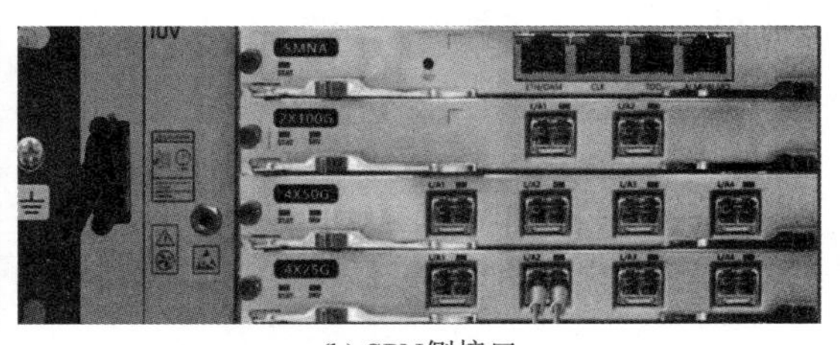

(b) SPN侧接口

图 4.2.33 BBU 与 SPN 接线

(3)SPN 与 ODF 接线。在右侧工具箱内用鼠标单击光纤 LC-FC，再次单击将光纤一端连接在 SPN 交换板的 50GE 端口上，如图 4.2.34(a)所示。单击左侧设备指示图中的 ODF，快捷切换到 ODF 面板，再次单击将光纤另外一端连接在 ODF 的端口上，如图 4.2.34(b)所示。

(a) SPN侧接口

(b) ODF侧接口

图 4.2.34　SPN 与 ODF 接线

至此，设备间线缆连接完成，完成后的设备指示如图 4.2.35 所示。

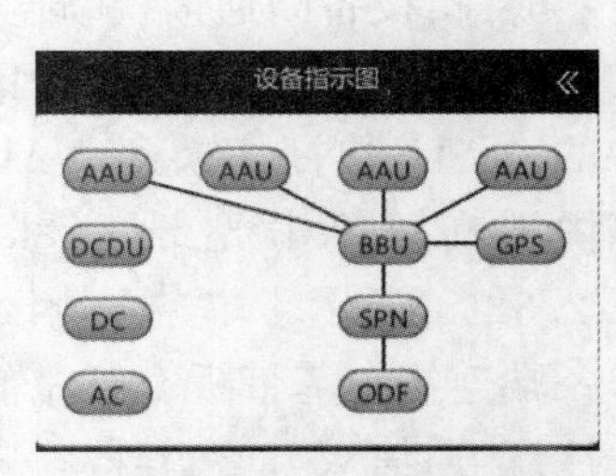


图 4.2.35　完成后的设备指示图

**4. 实训小结**

基站设备安装完成之后，需要通过线缆才能把它们连接成一个基站整体，涉及的主要设备有 BBU、AAU、GPS 天线、SPN 及 ODF。其中 BBU 与 GPS 天线之间连接使用馈线，其他设备之间连接使用光纤。使用光纤连接时，需要注意两端连接端口的类型与速率。

## 【任务评价】

<table>
<tr><td colspan="2">项目名称</td><td colspan="2"></td><td>任务名称</td><td></td></tr>
<tr><td colspan="2">小组成员</td><td colspan="2"></td><td>综合评分</td><td></td></tr>
<tr><td rowspan="20">学生自评</td><td colspan="5">理论任务完成情况</td></tr>
<tr><td>序号</td><td colspan="2">知识考核点</td><td>自评意见</td><td>自评结果</td></tr>
<tr><td>1</td><td colspan="2">基站通信设备安装流程</td><td></td><td></td></tr>
<tr><td colspan="5">训练任务完成情况</td></tr>
<tr><td>项目</td><td>内　容</td><td colspan="2">评价标准</td><td>自评结果</td></tr>
<tr><td rowspan="2">训练准备</td><td>设备及备品</td><td colspan="2">机具材料选择正确</td><td></td></tr>
<tr><td>人员组织</td><td colspan="2">人员到位，分工明确</td><td></td></tr>
<tr><td rowspan="2">训练方法</td><td>训练方法及步骤</td><td colspan="2">训练方法及步骤正确</td><td></td></tr>
<tr><td>操作过程</td><td colspan="2">操作熟练</td><td></td></tr>
<tr><td rowspan="2">实训态度</td><td>参加实训操作积极性</td><td colspan="2">积极参加实训操作</td><td></td></tr>
<tr><td>纪律遵守情况</td><td colspan="2">严格遵守纪律</td><td></td></tr>
<tr><td rowspan="4">质量考核</td><td>基站安装工具与测试仪器认知</td><td colspan="2">正确使用基站安装工具与测试仪器</td><td></td></tr>
<tr><td>5G 基站通信设备安装</td><td colspan="2">设备安装步骤正确，操作过程规范</td><td></td></tr>
<tr><td>GPS 设备安装</td><td colspan="2">GPS 安装步骤正确，操作过程规范</td><td></td></tr>
<tr><td>通信设备连接</td><td colspan="2">线缆和连接接口选择正确，并完成安装</td><td></td></tr>
<tr><td rowspan="2">安全考核</td><td>安全操作</td><td colspan="2">按照安全操作流程进行操作</td><td></td></tr>
<tr><td>考核训练后现场整理</td><td colspan="2">机具材料复位，现场整洁</td><td></td></tr>
<tr><td colspan="5">（根据个人实际情况选择：A. 能够完成；B. 基本能完成；C. 不能完成）</td></tr>
</table>

续上表

<table>
<tr><td>项目名称</td><td colspan="2"></td><td>任务名称</td><td></td></tr>
<tr><td>小组成员</td><td colspan="2"></td><td>综合评分</td><td></td></tr>
<tr><td>学习小组评价</td><td colspan="4">团队合作□ 学习效率□ 获取信息能力□ 交流沟通能力□ 动手操作能力□<br>（根据完成任务情况填写：A. 优秀；B. 良好；C. 合格；D. 有待改进）</td></tr>
<tr><td>老师评价</td><td colspan="4"></td></tr>
</table>

## 项目小结

本项目主要包括天馈系统的结构及安装、基站通信设备的安装及连接等内容。通过本项目的学习，可以认知天馈系统的结构，熟悉天线的结构原理及性能参数，了解基站通信设备安装规范，掌握基站设备的部署安装、线缆连接等操作，提高基站通信设备安装的能力。

## 思考与练习

1. 天线中实现信号的辐射和接收的最小单元是什么？
2. 天线驻波比为多少时，代表天线和馈线完全匹配。
3. 机械天线的调整步进精度为多少？电调天线的调整步进精度为多少？
4. GPS 天线应安装在避雷针多少度的保护范围内？
5. 5G 设备中 AAU 和 BBU 之间使用什么进行连接通信？

# 项目5 基站配套设备建设

## 项目导图

基站配套设备建设
- 任务1 通信电源系统
  - 【知识链接1】通信局(站)的电源系统组成
  - 【知识链接2】通信电源系统的工作过程
  - 【知识链接3】蓄电池组
  - 【知识链接4】通信电源系统的防雷保护
  - 【知识链接5】通信接地系统的概念及组成
  - 【技能实训】5G基站供电系统搭建
- 任务2 动力环境集中监控系统
  - 【知识链接1】动力环境集中监控系统的功能
  - 【知识链接2】常见监控硬件介绍
  - 【知识链接3】监控系统的结构和传输
  - 【知识链接4】空调
  - 【技能实训】监控系统常见故障分析与处理

## 学习目标

**【素养目标】**

1. 培养"安全第一"的生产意识和遵章守纪的工作习惯，培养安全操作的职业素养。
2. 培养查阅各类行业规范的职业习惯，初步具备基站设备安装方面的职业能力。
3. 培养良好的团队协作、语言表达、沟通协调能力。
4. 养成科学严谨、勤于思考的工作态度，培养新时代的工匠精神和社会责任感。

**【知识目标】**

1. 了解通信设备对通信电源供电系统的要求。
2. 掌握通信电源系统的组成及工作过程。
3. 掌握高频开关电源、蓄电池、UPS等供电设备的作用及设备结构。
4. 了解通信电源系统防雷保护主要措施。

5. 掌握通信接地系统的概念及组成。
6. 理解空调的性能参数、结构及工作原理。
7. 了解动力环境监控系统的作用、监控对象及网络结构。
8. 理解空调设备的作用、性能指标及工作原理。
9. 掌握监控系统常见故障分析及处理的步骤。

**【能力目标】**

1. 能够识别通信局(站)供电系统中的设备。
2. 能够进行交流配电屏、阀控式铅酸蓄电池的日常检查和参数设置操作。
3. 能够进行接地系统的日常检查。
4. 能够识别通信机房中常见的传感器。
5. 能够通过识读设备监控参数进行简单的故障判别及处理。

## 任务 1　通信电源系统

### 【任务引入】

通信电源是向通信设备提供直流电或交流电的电能源，是通信系统得以正常运行的重要组成部分。通信质量的高低，不仅取决于通信系统中各种通信设备的性能和质量，而且与通信电源系统供电的质量密切相关。可以说，通信电源是通信系统的“心脏”，它在移动通信网络中处于极为重要的位置。通过本任务来学习通信电源系统的组成及其中的主要设备，并在此基础上掌握通信局(站)防雷和接地的意义，具备基础的电源设备的日常维护技能。

### 【任务单】

| 任务名称 | 通信电源系统 | 建议课时 | 8 |
|---|---|---|---|
| 任务内容：<br>1. 掌握通信局(站)的电源系统的组成及工作过程。<br>2. 掌握 UPS、高频开关电源的作用及原理结构。<br>3. 掌握蓄电池的结构、命名方式、寿命影响因素及安装方式。<br>4. 掌握蓄电池浮充充电、均衡充电和恒压限流充电三种工作方式。<br>5. 了解通信电源系统防雷保护的意义及主要措施。<br>6. 掌握通信接地系统的概念及组成 | | | |
| 任务设计：<br>1. 课前准备，了解通信电源系统供电的基础电压。<br>2. 老师讲解通信电源系统的组成等基础知识。<br>3. 结合生活经验思考通信电源系统的组成，由老师引导认知相关主要设备结构、原理。<br>4. 讨论雷电的危害，由老师引导学习通信系统防雷和接地的意义及主要措施。<br>5. 技能实训：分组进行仿真实训任务“5G 基站供电系统的搭建” | | | |
| 建议学习方法 | 老师讲解、分组讨论、仿真实训 | 学习地点 | 实训室 |

### 【知识链接 1】　通信局(站)的电源系统组成

通信局(站)电源系统是对局(站)内各种通信设备及建筑负荷等提供用电的设备和系统的总称。

扫一扫

5.1.1 基站电源系统的作用及组成

**1. 通信局(站)的电源系统组成**

通信局(站)的电源系统主要由交流供电系统和直流供电系统组成。

(1)通信局(站)的交流供电系统

通信局(站)的交流供电系统,由低压市电、备用发电机组或移动电站、低压配电屏(含市电油机转换屏)、交流配电屏、交流不间断电源设备(UPS)及相关的配电线路组成。

交流不间断供电系统(Uninterruptable Power System,UPS)是一种利用蓄电池组作为后备能量,在市电断电或发生异常等电网故障时,不间断地为重要设备(如计费系统服务器及终端、网管监控服务器及终端、数据通信机房服务器及终端等)提供高质量交流电源的设备。交流不间断供电系统又称为交流不间断电源设备。

UPS 的基本构成如图 5.1.1 所示

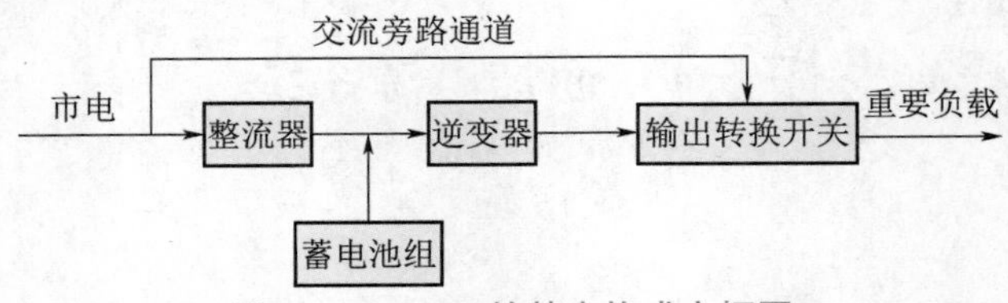


图 5.1.1 UPS 的基本构成方框图

UPS 各部分的主要功能如下:

整流器——将输入交流电变成直流电。

逆变器——将直流电变成 50 Hz 交流电(正弦波或方波)供给负载。

蓄电池组——市电正常时处于浮充状态,由整流器(充电器)给它补充充电,使之存储的电量充足;当市电停电时(或市电超出允许变化范围时),蓄电池组向逆变器供电;市电恢复后,整流器(充电器)对它进行恒压限流充电,然后自动转为正常浮充状态。蓄电池组用以保证市电停电后 UPS 不间断地向负载供电。

输出转换开关——进行由逆变器向负载供电或由市电向负载供电的自动转换,其结构有带触点的开关(如继电器或接触器)和无触点的开关(一般用晶闸管即可控硅)两类。后者没有机械动作,通常称为静态开关。

(2)通信局(站)的直流供电系统

直流供电系统向各种通信设备提供直流不间断电源。国内外大部分通信设备(如程控交换机、光纤传输设备、移动通信设备和微波通信设备等)均采用直流供电。与交流供电相比,直流供电具有可靠性高、电压平稳和较易实现不间断供电等优点。

通信局(站)的直流供电系统由整流器、蓄电池组、直流配电屏和相关的馈电线路组成。直流供电系统(除蓄电池组外)可以集成为高频开关电源,由高频开关电源负责将低压交流电整流成所需直流电,通过内部直流汇集排及直流配电分路为通信设备供电,并对蓄电池组进行充电管理。

高频开关电源内部结构如图 5.1.2 所示,主要由交流配电单元、直流配电单元、整流器和监控模块组成,其中整流器一般做成模块的形式。通常若干高频开关整流模块并联输出,输出电压自动稳定,各整流模块的输出电流自动均衡。机柜中应能接入两组蓄电池(两组电池并联),直流配电单元把整流器的输出端、蓄电池组和负载连接起来,构成全浮充工作方式的直流不间断电源供电系统,并对直流供电进行分配、通断控制、监测、告警和保护。

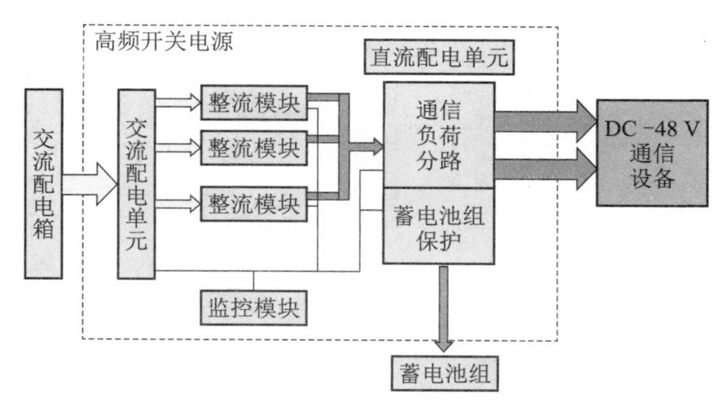


图 5.1.2　高频开关电源内部结构

图 5.1.3 为组合式高频开关电源设备。

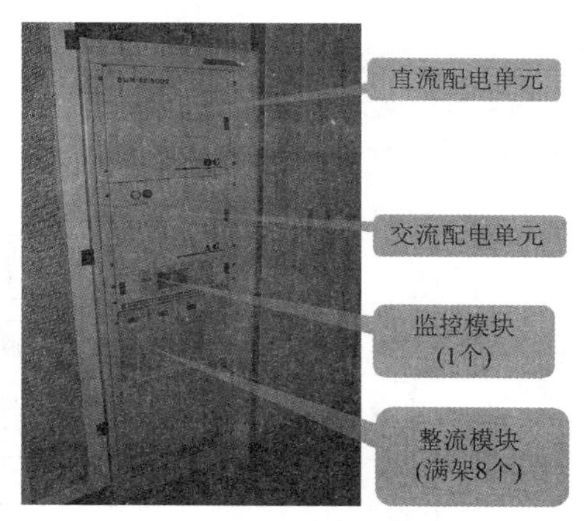


图 5.1.3　组合式高频开关电源设备

**2. 通信局(站)的电源系统供电方式**

通信局(站)电源系统必须保证稳定、可靠和安全地供电。集中供电、分散供电、混合供电为三种比较典型的系统组成方式,此外还有一体化供电方式。

(1)集中供电方式电源系统

集中供电方式电源系统是指在通信局(站)内设置一个总的交、直流供电系统,集中向各机房供电,其组成如图 5.1.4 所示。

(2)分散供电方式电源系统

分散供电方式电源系统的组成如图 5.1.5 所示。分散供电方式实际上是指直流供电系统采用分散供电方式,而交流供电系统基本上仍然是集中供电,同一通信局(站)原则上应设置一个总的交流供电系统,由此分别向各直流供电系统提供低压交流电,交流供电系统中仅交流配电屏与高频开关整流器等配套分散设置。各直流供电系统可分楼层设置,也可按通信设备系统设置;设置地点可为单独的电力电池室,也可与通信设备在同一机房。

采用分散供电方式时,多个电源系统同时出现故障的概率小,即全局通信瘫痪的概率小,因而供电可靠性高。此外,分散供电方式电源设备应靠近通信设备布置,从直流配电屏到通信设备的直流馈线长度缩短,故馈电线路电能损耗小、节能,并可减少线料费用。目前,移动通信交换局(站)和一些大的市话局均采用分散供电。

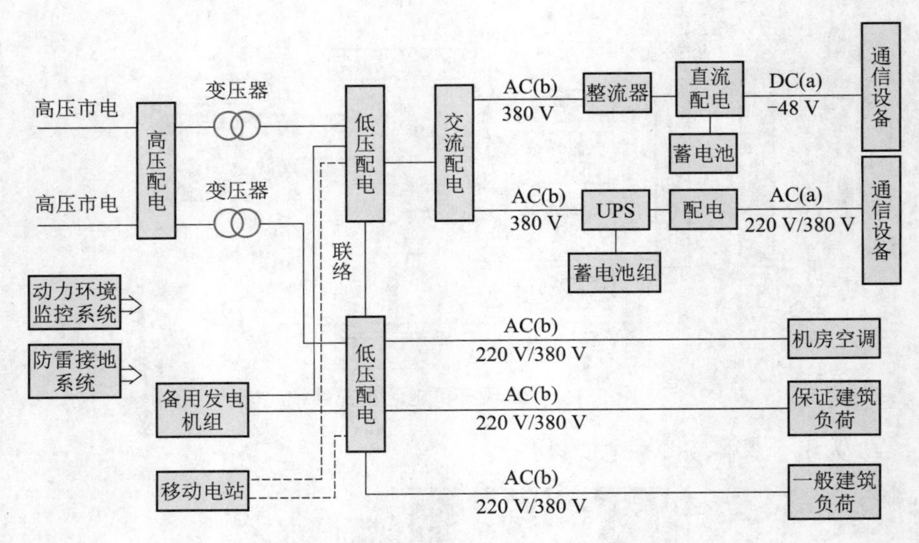


图 5.1.4　集中供电方式电源系统组成

注：(a) 不间断；(b) 可短时间中断。

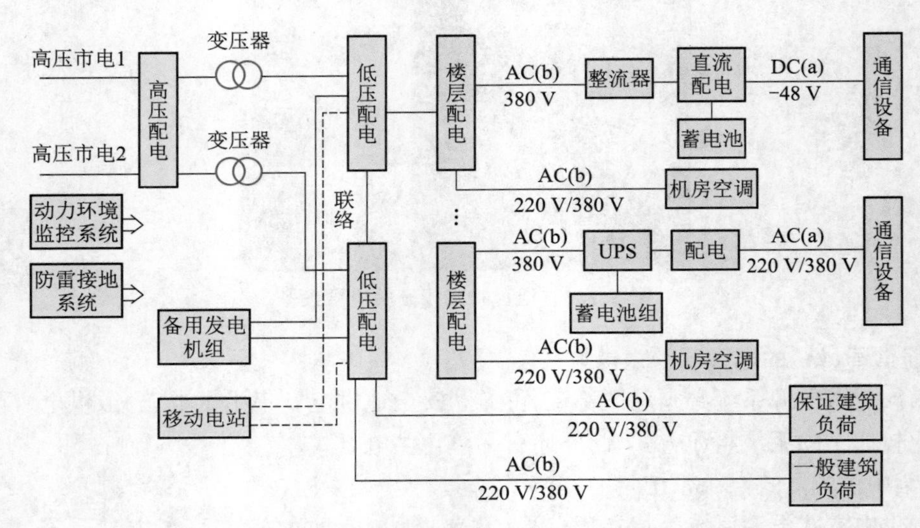


图 5.1.5　分散供电方式电源系统组成

注：(a) 不间断；(b) 可短时间中断。

(3)混合供电方式电源系统

光缆中继站和微波无人值守中继站，可采用交流电源和太阳能电池方阵(或风能)相结合的混合供电方式电源系统。该系统由太阳能电池方阵、低压市电、蓄电池组、整流器及配电设备，以及移动电站组成，如图 5.1.6 所示。对微波无人值守中继站，若通信容量较大，不宜采用太阳能供电时，则采用市电与无人值守自动化性能及可靠性高的成套电源设备组成的交流电源系统。

(4)一体化供电方式电源系统

一体化供电方式电源系统包括两种类型：一体化 UPS 电源、一体化直流电源。

如图 5.1.7 所示，一体化 UPS 电源将交流配电、UPS 模块和蓄电池组组合在同一个机架内。

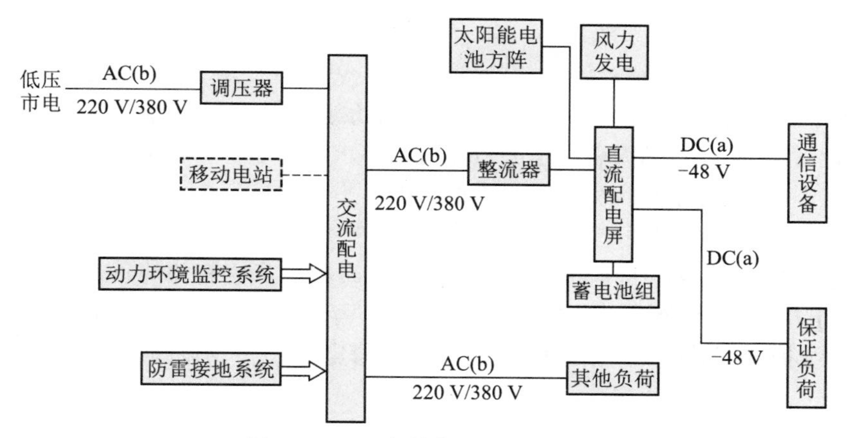


图 5.1.6　混合供电方式电源系统组成

注:(a) 不间断;(b) 可短时间中断。

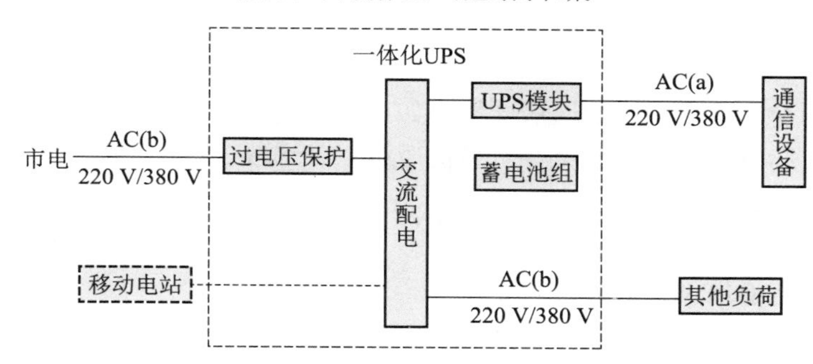


图 5.1.7　一体化 UPS 电源供电方框图

注:(a) 不间断;(b) 可短时间中断。

如图 5.1.8 所示,一体化直流电源将交流配电、直流配电、开关电源和蓄电池组组合在同一个机架内。

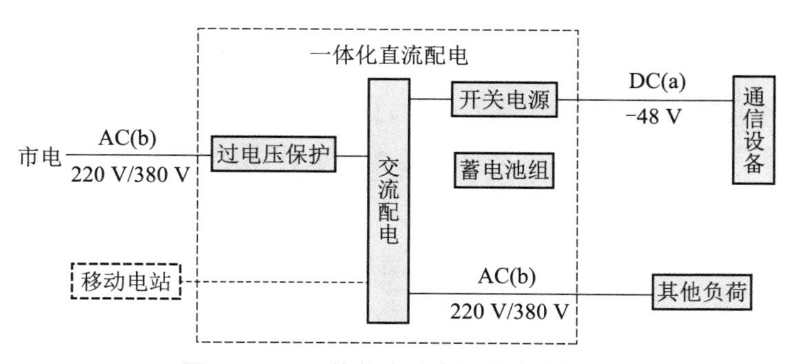


图 5.1.8　一体化直流电源供电方框图

注:(a) 不间断;(b) 可短时间中断。

此种方式适合小型通信站,如接入网站、室内分布站、室外基站等。

容量极小的站(功耗小于 200 W)采用一体化电源时,可探讨采用锂电池作为备用电源的可能性。

**3. 通信设备对通信电源供电系统的要求**

为了保证通信的可靠、准确、安全、迅速,可以将通信设备对通信电源的基本要求归纳为:可靠、稳定、小型智能和高效率。

(1)可靠

可靠是指通信电源不发生故障停电或瞬间中断。可靠性是通信设备对通信电源最基本的要求。近年来,由于微电子技术和计算机技术在通信设备中的大量应用,通信电源瞬时中断,会丢失大量信息,所以通信设备对电源可靠性的要求越来越高。同时,由于通信设备的容量大幅度提高,因此,电源中断将会造成更大的影响。

为了保证供电的可靠,要通过设计和维护两方面来实现。设计方面:其一,尽量采用可靠的市电来源,包括采用两路高压供电;其二,交流和直流供电都应有相应优良的备用设备,如自启动油机发电机组(甚至能自动切换市电、油机电)、蓄电池组等,对由交流供电的通信设备应采用 UPS。维护方面:操作使用准确无误,经常检修电源设备及设施,做到防患于未然,确保可靠供电。

(2)稳定

目前通信电源电压等级主要分为直流－48 V(＋24 V)、交流 220 V/380 V。通信行业的设备一般使用－48 V 直流供电,各种通信设备都要求电源电压稳定,不能超过允许的变化范围。电源电压过高会损坏通信设备中的电子元器件,电源电压过低通信设备将不能正常工作。另外,供电的稳定性也会影响通信质量。如果通信电源系统供电质量不符合相关技术指标的要求,将会引起电话串音,杂音增大,通信质量下降,误码率增加的情况,造成通信延误或差错。

对于直流供电电源来说,稳定还包括电源中的脉动杂音要低于允许值,不允许有电压瞬变,否则会严重影响通信设备的正常工作。

对于交流供电电源来说,稳定还包括电源频率的稳定和良好的正弦波形,防止波形畸变和频率的变化影响通信设备的正常工作。

(3)小型智能

随着集成电路、计算机技术的飞速发展和应用,通信设备越来越小型化、集成化,为了适应通信设备的发展及电源集中监控技术的推广,电源设备也正在向小型化、集成化和智能化方向发展。

(4)高效率

随着通信设备容量的日益增加,以及大量通信用空调的使用,通信局(站)用电负荷不断增大。为了节约能源、降低生产成本,必须设法提高电源设备的效率。另外,采用分散供电方式也可节约大量的线路能量损耗。

### 【知识链接 2】 通信电源系统的工作过程

市电正常时,由市电提供交流电源,由整流器和蓄电池组并联浮充供电(整流器一方面给通信设备供电,一方面又给蓄电池组充电,以补充蓄电池组因自放电而失去的电量),如图 5.1.9 所示。

当市电停电后,移动油机未到站时,交流电源中断后,由蓄电池组单独向通信设备供电,如图 5.1.10 所示。

市电停电,移动油机到站启动,由油机供电,在保证通信设备供电的基础上,若油机功率有余量,可为一般建筑负荷供电,如图 5.1.11 所示。

当交流电源恢复供电时,开关电源的监控模块自动启动整流器向通信负荷供电,并对蓄电池进行充电,如图 5.1.9 所示。

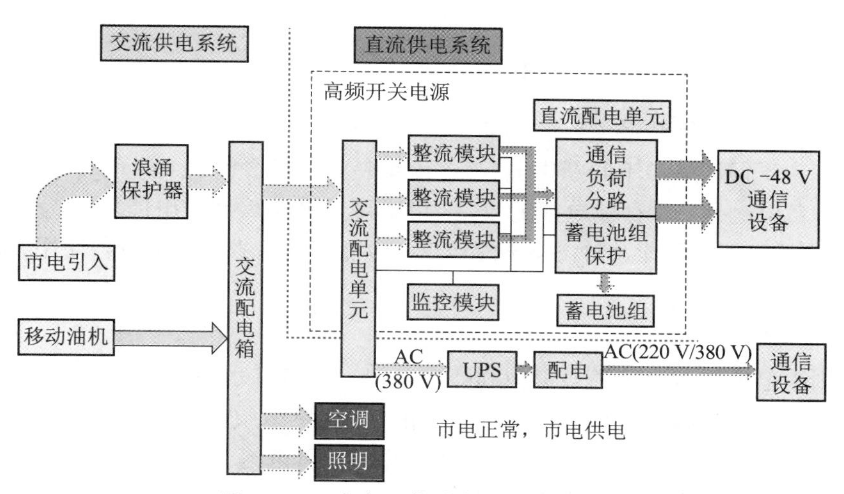


图 5.1.9　市电正常时电流流向示意图

注：虚箭头代表电流流向。

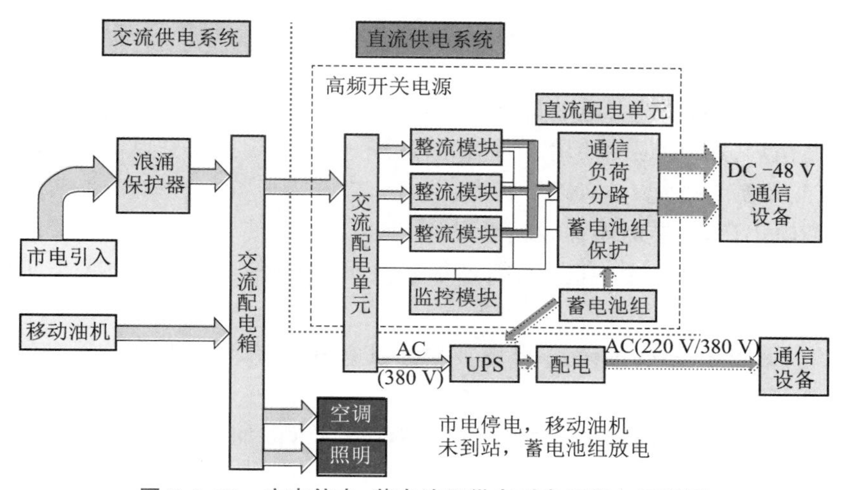


图 5.1.10　市电停电、蓄电池组供电时电流流向示意图

注：虚箭头代表电流流向。

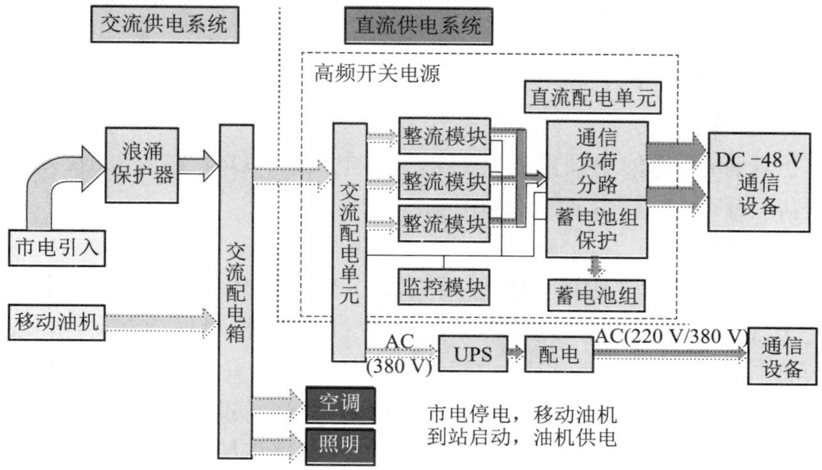


图 5.1.11　市电停电、油机供电时电流流向示意图

注：虚箭头代表电流流向。

扫一扫

5.1.2 基站电源系统中的蓄电池组

## 【知识链接 3】 蓄电池组

基站电源系统最主要的功能是要为基站所有设备提供标准、可靠、不间断的供电。为了保证电源不间断供电，蓄电池组是必不可少的。

蓄电池是一种存储电能的设备，它能将充电时得到的电能转变为化学能保存起来，需要电能时又能及时将化学能转变为电能释放出来供用电设备使用。这种转换可以反复循环多次。

### 1. 蓄电池的分类

按所使用的电解质可分为碱蓄电池和酸蓄电池。以碱性水溶液（氢氧化钾或氢氧化钠）为电解质的称为碱蓄电池；以酸性水溶液（稀硫酸）为电解质的称为酸蓄电池，由于该类蓄电池的电极是以铅及其氧化物为材料，故又称铅酸蓄电池。

按蓄电池使用环境不同可分为移动型和固定型。

按电池槽结构可分为半密封式和密封式。半密封式有防酸隔爆式和消氢式，密封式分为全密封式和阀控式。还可依据电解液数量分为贫液式和富液式。密封式电池均为贫液式；半密封式电池均为富液式。

与铅酸蓄电池相比，碱性蓄电池具有耐过充电、过放电、使用寿命长等优点，但电动势低、价格昂贵，在通信局（站）中很少使用。通信局（站）一般采用阀控式密封铅酸蓄电池。

阀控式密封铅酸蓄电池，具有以下特点：

(1)电池荷电出厂，安装时不需要辅助设备，安装后即可使用。

(2)在电池整个使用寿命期间，无须添加水及调整酸比重等维护工作，具有“免维护”功能。

(3)不漏液、无酸雾、不腐蚀设备，不需要单独设立电池室，可以和通信设备安装在同一房间，节省了建筑面积。

(4)采用具有高吸附电解液能力的隔板，化学稳定性好，加上密封阀的配置，可使蓄电池在不同方位安置。

(5)与同容量防酸式蓄电池相比，阀控式密封铅酸蓄电池体积小、重量小、自放电低（合格的阀控式密封铅酸蓄电池，静置 28 天后容量保存率不低于 96%，静置 90 天后容量保存率不低于 80%）、能量体积比高。

(6)电池寿命长，25 ℃下浮充状态使用可达 10 年以上。

### 2. 蓄电池的命名

我国通信行业标准《通信用阀控式密封铅酸蓄电池》（YD/T 799—2010）规定，蓄电池型号命名用汉语拼音字母表示，命名方法如图 5.1.12 所示。

### 3. 蓄电池的结构

阀控式密封铅酸蓄电池的基本结构如图 5.1.13 所示，它由正负极板、隔板、电解液、安全阀、气塞、外壳等部分组成。正负极板均采用涂浆式极板，活性材料涂在特制的铅钙合金骨架上。这种极板具有很强的耐酸性、很好的导电性和较长的寿命，自放电速率也较小。隔板采用超细玻璃纤维制成，全部电解液注入极板和隔板中，电池内没有流动的电解液，即使外壳破裂，电池也能正常工作。电池顶部装有安全阀，当电池内部气压达到一定数值时，安全阀自动开启，排出气体。电池内气压低于定数值时，安全阀自动关闭，顶盖上还备有内装陶瓷过滤器

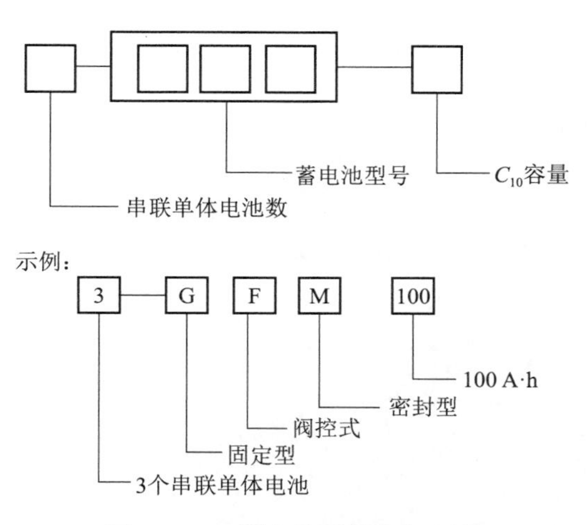


图 5.1.12　蓄电池型号命名方法

注：串联单体电池数为1时，该位省略。

的气塞，即防酸雾垫，它可以防止酸雾从蓄电池中逸出。正负极接线端子用铅合金制成，采用全密封结构，并且用沥青封口。

在阀控式密封铅酸蓄电池中，电解液全部吸附在隔板和极板中，负极活性物质（海绵状铅）在潮湿条件下活性很大，能与氧气快速反应。充电过程中，正极板产生的氧气通过隔板扩散到负极板，与负极活性物质快速反应，化合成水。因此，在整个使用过中，不需要加水补酸。

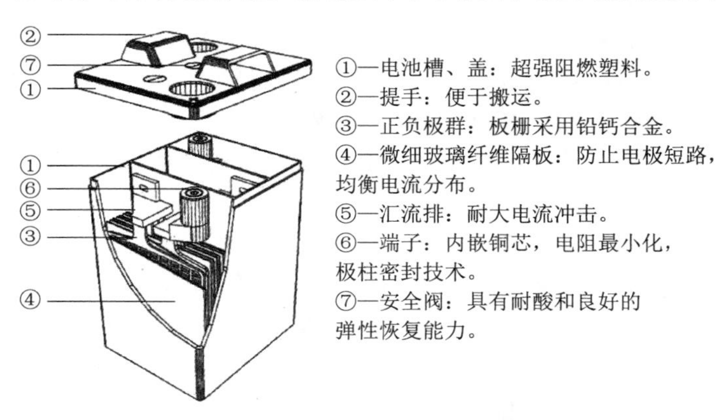


图 5.1.13　阀控式密封铅酸蓄电池的结构

**4. 蓄电池使用寿命**

阀控式密封铅酸蓄电池的浮充寿命为10年左右，充放电次数为1 000～1 200次。除了电池本身的设计、工艺水平和充放电循环周期以外，影响蓄电池使用寿命的因素还包括以下方面：

（1）放电深度。电池的过放电会严重的缩短电池的使用寿命，因此要严禁电池的过放电。

（2）充电电流。充电电流过大会使电池内盈余气体增多，升高电池内压，而且滞留在正极周围的氧会进入 $PbO_2$ 内层，引起极板氧化腐蚀。

（3）环境温度。环境温度越高，电池的寿命越短。

（4）电池的不均衡性。多节串联的电池在运行过程中有时会发生容量、端压不一致的情况，通常采用均衡充电的方法来解决。

5. 蓄电池组的安装方式

蓄电池组可以和通信设备安装在同一机房，机房一般配备两组 48 V 蓄电池。一主一备工作模式，配备相应的两组充电机。48 V 蓄电池组由 24 节 2 V 电池单体“正—负—正—负”串联组成，如图 5.1.14(a)所示。

蓄电池组安装时需要注意需要架高放置，不能落地，防止机房进水损坏电池。蓄电池组可立放或卧放工作[图 5.1.14(b)]，可进行积木式多层安装，节省占用空间。多层安装时需考虑机房地面承重，蓄电池架需要槽钢加固。

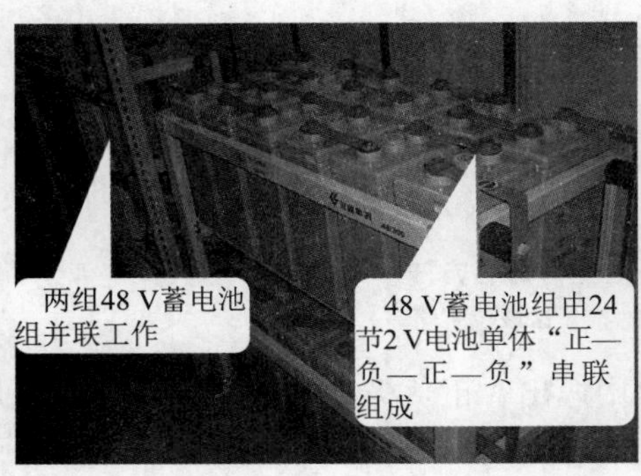


(a) 双层立放

(b) 四层卧放

图 5.1.14　48 V 蓄电池组安装方式

6. 蓄电池的工作方式

交流电源正常时，整流器输出稳定的“浮充电压”，供给全部负载电流，并对蓄电池组进行补充充电，使蓄电池组保持电量充足，此时蓄电池组仅起平滑滤波作用；当交流电源中断、整流器停止工作时，蓄电池组放电供给负载电流；当交流电源恢复、整流器投入工作时，又由整流器供给全部负载电流，同时它以恒压限流方式对蓄电池组进行恒压限流充电，然后返回正常浮充状态。

(1)浮充电压

为补充自放电损失的电量，使蓄电池组保持电量充足的连续小电流充电称为浮充充电，所需的充电电压称为浮充电压。由于电池内杂质的存在，使正极和负极活性物质逐渐被消耗而造成电池容量减小的现象称为自放电。

交流供电正常时，整流器的输出电压值为浮充电压。此时整流器供给全部负载电流，并对蓄电池组进行补充充电，使蓄电池组保持电量充足。

浮充电压值的选取直接影响阀控式密封铅酸蓄电池的使用寿命、供电性能和运行的经济性。浮充电压偏低，则补充充电电流偏小，不够补充蓄电池组的自放电，将使蓄电池组长期处于充电不足的状态，一旦遇到交流电源停电，需要蓄电池组放电供给负载电流时，就会因蓄电池组存储的电量不足而影响正常供电，并且容易使极板硫酸盐化，从而缩短蓄电池组的使用寿命；浮充电压偏高，则补充充电电流偏大，将加剧正极板的腐蚀，并且可能使蓄电池组排气频繁、失水、温度高，甚至造成蓄电池组热失控(浮充状态下蓄电池组放热。热失控是电池的浮充电流与电池温度发生积累性相互增强而使电池温度急剧升高的现象，轻则使电池槽变形鼓胀，重则导致电池失效)，也会缩短蓄电池组的使用寿命。因此，阀控式密封铅酸蓄电池必须严格按照蓄电池组厂家的规定来确定浮充电压值。

《通信用阀控式密封铅酸蓄电池》中规定，环境温度为 25 ℃时，蓄电池单体的浮充电电压为 2.20～2.27 V。需要注意，这是指不同厂家生产的阀控式密封铅酸蓄电池允许进网的浮充电压范围，而不是一个蓄电池成品的浮充电压允许变化范围。不同厂家的产品，规定的浮充电压值有所不同，2.23～2.25 V/节（25 ℃）较为多见。对于一种具体产品，其浮充电压在 25 ℃条件下是确定值。

温度变化时，阀控式密封铅酸蓄电池单体浮充电压应按温度补偿系数－7～－3 mV/℃进行修正。即以 25 ℃为基准，温度每升高 1 ℃，每个单体电池浮充电压的绝对值应降低 3～7 mV。

（2）均衡充电电压（简称均充电压）

使蓄电池组中所有单体电池的电压达到均匀一致的充电，称为均衡充电（简称均充）。对蓄电池进行均充的电压，称为均充电压。

均充电压比浮充电压高，蓄电池组均衡充电单体电压为 2.30～2.40 V，多见定为 2.35 V/节，这时－48 V 开关电源输出的均充电压应为－56.4 V，＋24 V 开关电源输出的均充电压应为＋28.2 V。均充电压也应温度补偿，按单体电池温度补偿系数－7～－3 mV/℃来进行修正。

一般均充 6～18 h。均充时间不宜太长，以免蓄电池组过充电；如均充后仍有落后电池，可相隔两周后再均充一次。

（3）恒压限流充电

蓄电池组放电后应及时充电。通信局（站）现在广泛采用的充电方法是恒压限流充电，即整流器以稳压限流方式运行，蓄电池组不脱离负载，进行在线充电（蓄电池组脱离负载进行充电叫离线充电），其恒压值一般为均充电压。

交流供电正常时，整流器输出浮充电压给负载供电。交流电源中断后，由蓄电池组给负载供电，蓄电池组在放电过程中存储的电量逐渐减少，电压下降。当交流电源恢复、整流器重新工作时，即使输出浮充电压值，由于蓄电池组放电后电动势降低，蓄电池组开始充电的充电电流也可能很大。如果充电电流过大，将加剧正极板的腐蚀，并可能使蓄电池组排气频繁、失水、温度高，甚至产生热失控而损坏。为了避免蓄电池组遭受损害，阀控式密封铅酸蓄电池的充电电流必须限制在不超过 $0.25C_{10}$ A，通常限制在 $0.2C_{10}$ A 以下（$C_{10}$ 为蓄电池的 10 h 率额定容量）。蓄电池组放电失去的电量应及时得到补充，因此充电电流也不能太小。充电限流值一般取 $0.1C_{10}$ A 为宜。蓄电池组的充电限流值可预先在开关电源的控制器（监控模块）上设定。具体设置充电限流值时要考虑两个因素：一是蓄电池组允许的充电电流值，二是整流器的承受能力。整流器的额定输出电流乘以安全系数 0.9，减去负载电流，为整流器允许给蓄电池组的充电电流。将该值与 $0.1C_{10}$ A 相比较，取其数值小者为充电限流值。

恒压限流充电的实质是将恒流充电和恒压充电相结合。现以交流电源中断一段时间后恢复供电时的情形来说明恒压限流充电过程，如图 5.1.15 所示。

交流电源恢复供电时，整流器开始运行。受开关电源控制器（监控模块）的控制，在充电前期，整流器使蓄电池组的充电电流（$I$）基本恒定在充电限流值，进行恒流充电，这期间整流器的输出电压（$U$）由低到高逐渐上升；到充电中后期，当蓄电池组端电压上升至预先设定的均充电压值时，整流器的输出电压保持恒定，变为恒压充电，充电电流基本上按指数规律下降。当充电电流减小到预先设定的“转换电流”（可设置为 $0.01C_{10}$ A）时，待继续均充的保持时间达到预先设定的“保持时间”（通常可在 1～180 min 范围内设置，例如设为 10 min），控制器（监控模块）控制整流器的输出电压降为浮充电压值后，自动返回浮充供电状态。

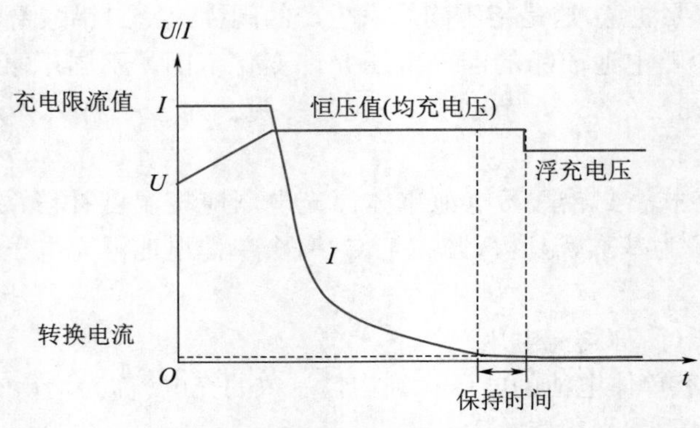


图 5.1.15　恒压限流充电曲线

**7. 挂接蓄电池组的方法**

在将蓄电池组接入直流电源系统时，必须防止发生打火现象。为此，对－48 V或－24 V系统而言，应先将蓄电池组的正端连接开关电源中已接地的正极母排，然后把整流器置于输出浮充电压的状态；在把整流器的输出电压调到与蓄电池组端电压一致时，将蓄电池组的负端与开关电源负极母排接通。由于此时蓄电池组的负端与负极母排电位差为零，因此避免了在二者接通的瞬间打火。如果二者接通前有较大的电位差，那么在它们接通的瞬间会强烈打火，甚至烧坏相关端子。

同理，＋24 V系统应先将蓄电池组的负端连接开关电源中已接地的负极母排，然后，在把整流器的输出电压调到与蓄电池组端电压一致时，将蓄电池组的正端与开关电源正极母排接通。

蓄电池组接入直流电源系统后，再把整流器的浮充电压设置为正常值。

如果是新装的阀控式密封铅酸蓄电池组，把它接入直流电源系统后应进行补充充电，补充充电方式按规定执行。

**8. 阀控式铅酸蓄电池的容量选择**

阀控式铅酸蓄电池的额定容量是10 h率放电容量。电池放电电流过大，则达不到额定容量。因此，应根据设备负载、电压大小等因素来选择合适容量的电池。蓄电池总容量应按通信电源设备安装工程设计中的有关规定配置，即

$$Q \geqslant \frac{KIT}{\eta[1+a(t-25)]}$$

式中　$Q$——蓄电池容量，A·h；

$K$——安全系数，取1.25；

$I$——负荷电流，A；

$T$——放电小时数，h；

$\eta$——放电容量系数；

$t$——实际电池所在地最低环境温度数值：所在地有采暖设备时，按15 ℃考虑；无采暖设备时，按5 ℃考虑；

$a$——电池温度系数，1/℃：当放电小时率≥10时，取$a=0.006$；当10＞放电小时率≥1时，取$a=0.008$；当放电小时率＜1时，取$a=0.01$。

## 【知识链接 4】 通信电源系统的防雷保护

在通信局(站)中,防雷和接地占有很重要的地位,它不仅关系到设备和维护人员的安全,同时还直接影响通信的质量。随着电力电子技术的发展,电子电源设备对浪涌高脉冲的承受能力和耐噪声能力不断下降,使得电力线路或电源设备受雷电过电压冲击的事故常有发生。因此,掌握理解防雷和接地的基本知识,正确选择接地方式,具有十分重要的意义。

**1. 雷电分类及危害**

(1)雷电的产生原因

雷电一般是由于地面湿度很大的气体受热上升与冷空气相遇形成积云,由于云层的负电荷吸附效应,在运动中聚集大量的电荷而产生。当不同电荷的积云靠近,或带电积云对大地的静电感应而产生异性电荷时,将发生巨大的电脉冲放电,这种现象称为雷电。

(2)雷电流的危害

雷电流在放电瞬间浪涌电流达 1～100 kA,其上升时间不到 1 μs,能量巨大,可损坏建筑物、中断通信、危害人身安全。因遭受直接雷击范围小,故在造成的破坏中不是主要的危害,但其间接危害不容忽视,包括以下几点。

①产生的强大感应电流或高压直击雷浪涌电流使天线带电,进而产生强大的电磁场,使附近线路和导电设备出现闪电的特征。这种电磁辐射作用,破坏性很强。

②地面雷浪涌电流使地电位上升,依据地面电阻率与地面电流强度的不同,地面电位上升程度不一。但由于地面过电位的不断扩散,会对周围电子系统中的设备造成干扰,甚至被过压损坏。

③静电场增加,接近带电云团处周围静电场强度可升至 50 kV/m,置于这种环境的空中线路电势会骤增,而空气中的放电火花也会产生高速电磁脉冲,造成对电子设备的干扰。

当代微电子设备的应用已十分普及,由于雷浪涌电流的影响而使设备耐过压、耐过电流水平下降,并已在某些场合造成了雷电灾害,加入防雷元件可以对电子设备进行有效的保护。

**2. 常见防雷元件**

防雷的基本方法可归纳为“抗”和“泄”。所谓“抗”就是指各种电器设备应具有一定的绝缘水平,以提高其抵抗雷电破坏的能力;所谓“泄”就是指使用足够的避雷元器件,将雷电引向自身而泄入大地,以削弱雷电的破坏力。实际的防雷往往是两者的结合,有效减小雷电造成的危害。

常见的防雷元器件有接闪器、消雷器和避雷器三类。

接闪器是专门用来接收直击雷的金属物体。接闪器的金属杆称为避雷针,接闪器的金属线称为避雷线,接闪器的金属带、金属网称为避雷带和避雷网。所有接闪器必须将接地引下线与接地装置良好连接。接闪器一般用于建筑防雷。

消雷器是一种新型的主动抗雷设备,由离子化装置、地电吸收装置及连接线组成,如图 5.1.16 所示,其工作原理是金属针状电极的尖端放电原理。当雷云出现在被保护物上方时,将在被保护物周围的大地中感应出大量的与雷云带电极性相反的异性电荷,地电吸收装置将这些异性感应电荷收集起来,通过连接线引向金属针状电极(离子化装置)而发射出去,向雷云方向运动并与其所带电荷中和,使雷电场减弱,从而起到防雷的效果。实践证明,使用消雷器可有效防止雷害的发生,并有取代普通避雷针的趋势。

避雷器通常是指防护由于雷电过电压沿线路入侵损害被保护设备的防雷元件。它与被保护设备输入端并联，如图 5.1.17 所示。常见的避雷器有阀式避雷器、排气式避雷器和金属氧化物避雷器等。

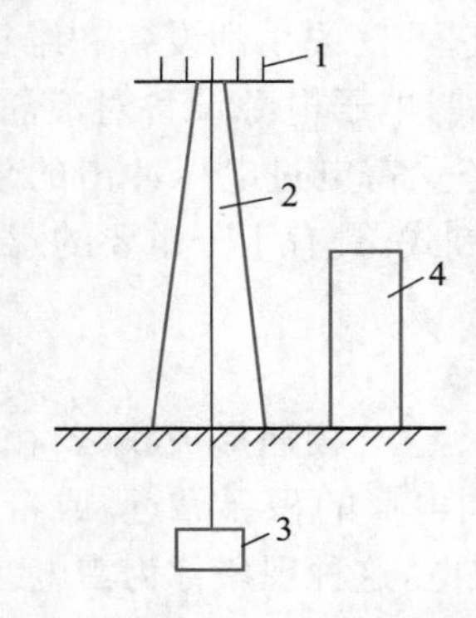


图 5.1.16　消雷器结构示意图

1—离子化装置；2—连接线；3—地电吸收装置；4—被保护物。

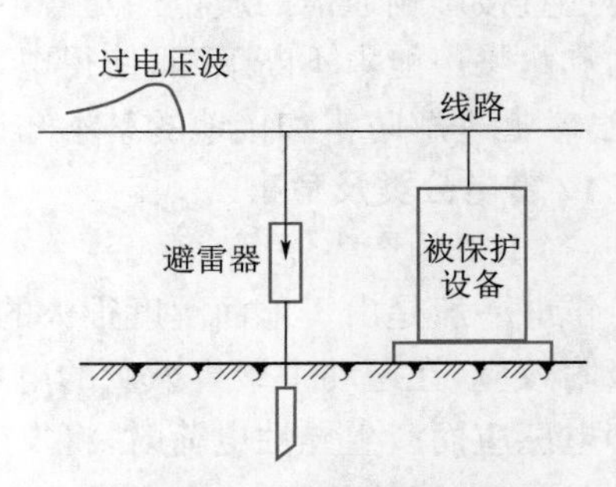


图 5.1.17　避雷器的连接

**3. 通信电源系统防雷保护主要措施**

微波站和卫星地球站等通信局(站)的市电高压引入线路，如采用高压架空线路，其进站端上方宜设架空避雷线，长度为 300～500 m，避雷线的保护角应不大于 25°，避雷线(除终端杆外)宜每杆做一次接地。

位于城区内的通信局(站)，市电高压引入线路宜采用地埋电力电缆进入通信局(站)，其电缆长度不宜小于 200 m。

电力变压器高、低压侧均应各装一组避雷器，避雷器尽量靠近变压器装设。

出入通信局(站)的交流低压电力线路应采用地埋电力电缆，其金属护套就近两端接地，低压电力电缆长度宜不小于 50 m，两端芯线加装避雷器。通常将通信电源交流系统低压电缆进线作为第一级防雷，交流配电屏内作为第二级防雷，整流器输入端口作为第三级防雷，这是通信电源系统防雷最基本的要求。

## 【知识链接 5】　通信接地系统的概念及组成

**1. 接地系统的概念**

接地系统是通信电源系统的重要组成部分，它不仅直接影响通信的质量和电力系统的正常运行，还起到保护人身安全和设备安全的作用。在通信局(站)中，接地技术涉及各个电信专业的设备、电源设备和房屋建筑防雷等方面的知识。

接地是为了工作或保护的目的，将电气设备或通信设备中的接地端子通过接地装置与大地做良好的电气连接，并将该部位的电荷注入大地，达到降低危险电压和防止电磁干扰的目的。接地系统应具有以下功能：

(1)防止电气设备事故时故障电路产生危险的接触电位或开路。

(2)保证系统电磁兼容的需要，保证通信系统所有功能不受干扰。

(3)给以大地作回路的所有信号系统提供一个低的接地电阻。

(4)提高电子设备的屏蔽效果。

(5)降低雷击的影响，尤其是高层电信大楼和山上微波站。

**2. 接地系统的组成**

接地系统由大地、接地体(接地电极)、接地引入线、接地汇集线和设备接地线组成,如图5.1.18所示。

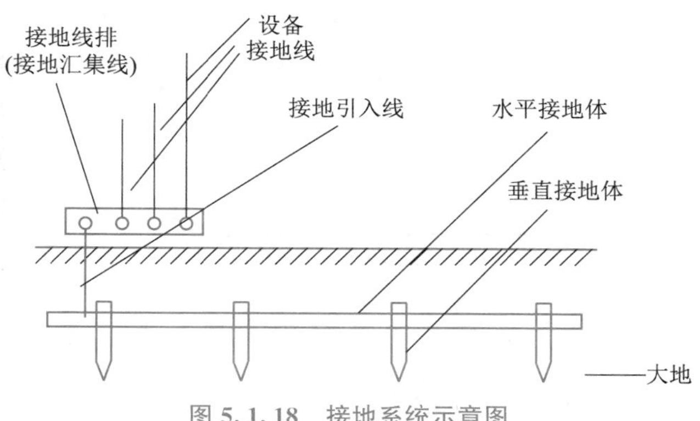


图5.1.18　接地系统示意图

组成接地系统的各部分的功能如下:

(1)大地。接地系统中所指的“地”即为一般的土地,它有导电的特性,并且有无限大的容电量,可以用来作为良好的参考电位。

(2)接地体(接地电极)。接地体是使通信局(站)各地线电流汇入大地扩散和均衡电位而设置的与土地物理结合形成电气接触的金属部件。

联合接地系统的接地体可由两部分组成,即利用建筑基础部分混凝土内的钢筋和围绕建筑物四周敷设的环形接地电极(由垂直电极和水平电极组成)相互焊接组成的一个整体。

(3)接地引入线。接地体与贯穿通信局(站)各电信装机楼层的接地总汇集线之间相连的连接线称为接地引入线。接地引入线应做防腐蚀处理,以提高使用寿命。在室外,与土壤接触的接地电极之间的连接导线形成接地电极的一部分,不作为接地引入线。

(4)接地汇集线。接地汇集线是指通信局(站)建筑物内分布设置,可与各通信机房接地线相连的一组接地干线的总称。

根据等电位原理,为提高接地有效性和减少地线上杂散电流回窜,接地汇集线分为垂直接地总汇集线和水平接地分汇集线两部分,其中垂直接地总汇集线是一个主干线,其一端与接地引入线连通,另一端与建筑物各楼层的钢筋和各楼层的水平接地分汇集线相连,形成辐射状结构。

为了防雷电电磁的干扰,垂直接地总汇集线宜安装在建筑物中央部位,也可在建筑物底层安装环形汇集线,并垂直引到各机房的水平接地分汇集线上。

(5)接地线。接地线是指通信局(站)内各类需要接地的设备与水平接地分汇集线之间的连线,其截面积根据可能通过的最大负载电流确定,并且不准使用裸导线布放。

**3. 接地的方式及分类**

电源接地系统,按带电性质可分为交流接地系统和直流接地系统两大类;按用途可分为工作接地系统、保护接地系统和防雷接地系统。防雷接地系统又可分为设备防雷和建筑防雷。下面分别介绍交流接地和直流接地两大系统。

(1)交流接地系统

交流接地系统分为交流工作接地和交流保护接地。

在低压交流电网中将三相电源中的中性点直接接地，如配电变压器次级线圈、交流发电机电枢绕组等中性点的接地，即称为交流工作接地，如图 5.1.19 所示。

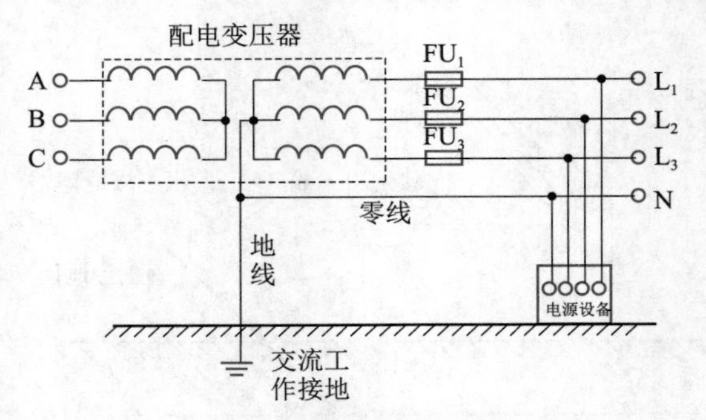


图 5.1.19 交流工作接地

交流工作接地的作用是将三极交流负荷不平衡引起的在中性线上的不平衡电流泄放于地，减小中性点电位的偏移，保证各相设备的正常运行。接地以后的中性线称为零线。

交流保护接地，就是将受电设备在正常情况下与带电部分绝缘的金属部分（即导电但不带电的部分）与接地装置做良好的电气连接，来达到防止设备因绝缘损坏而遭受触电危险的目的的一种接地方式。

如图 5.1.20 所示，当设备机壳与 A 相输入接触，则 A 相电流很快会以图中粗黑线所示构成回路，由于回路电阻很小（接地电阻应该足够小），A 相电流很大，在很短的时间内熔断器 $FU_1$ 熔断保护，从而避免了人身伤亡和设备安全。

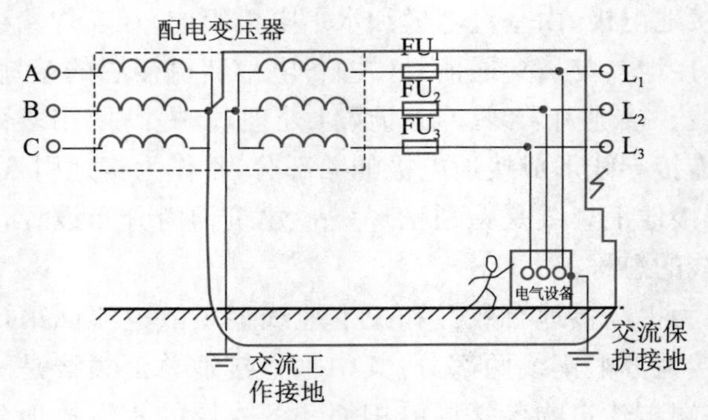


图 5.1.20 交流保护接地

根据相关规定，低压电网系统接地的保护方式可分为：接零系统（TN 系统）、接地系统（TT 系统）和不接地系统（IT 系统）三类。

TN 系统是指受电设备外露导电部分（在正常情况下与带电部分绝缘的金属外壳部分）通过保护线与电源系统的直接接地点（即交流工作接地）相连，如图 5.1.21 所示。

TT 系统是指受电设备外露导电部分通过保护线与单独的保护接地装置相连，与电源系统的直接接地点不相关。

IT 系统是指受电设备外露导电部分通过保护线与保护接地装置相连，而该电源系统无直接接地点。

由于目前通信电源系统中的交流部分普遍采用 TN-S 接地保护方式，下面仅介绍 TN 系统的几种方案。

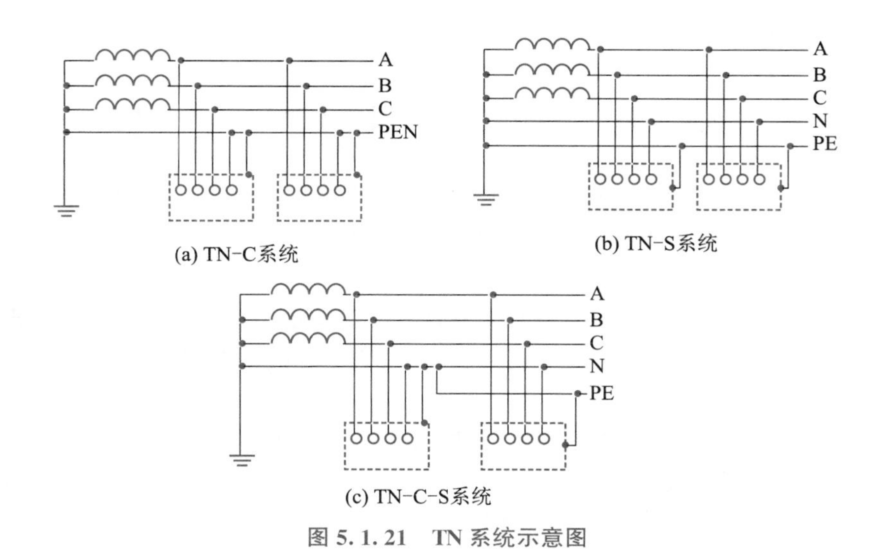

(a) TN-C系统

(b) TN-S系统

(c) TN-C-S系统

图 5.1.21 TN 系统示意图

①TN-C 系统

TN-C 系统为三相电源中性线直接接地的系统，通常称为三相四线制电源系统，其中性线与保护线是合一的，如图 5.1.21(a)所示。TN-C 系统没有专设 PE 线(保护地线)，所以受电设备外露导电部分直接与 PEN 线连接，这样也能起到保护作用。

②TN-S 系统

TN-S 系统即为三相五线制配电系统，如图 5.1.21(b)所示。这是目前通信电源交流供电系统中普遍采用的低压配电网中性点直接接地系统。

在 TN-S 系统中，采用了与电源接地点直接相连的专用 PE 线(交流保护线或称无流零线，该线上不允许串接任何保护装置与电气设备)，设备的外露导电部分均与 PE 线并接，从而将整个系统的工作线与保护线完全隔离。

TN-S 方案工作可靠性高、抗干扰能力强、安全保护性能好、应用范围广。这种方案与 TN-C 系统相比具有如下优点：

a. 一旦中性线断线，不会像 TN-C 系统那样可能使断点后的受电设备外露导电部分带上危险的相电压。

b. 在各相电源正常工作时，PE 线上无电流(只有当设备的外露导电部分发生漏电时，PE 线上才会有短时间的保护电流)，而所有设备的外露导电部分都经各自的 PE 线接地，所有各自 PE 线上无电磁干扰。而 N 线由于正常工作时经常有三相不平衡电流经 N 线泄放于地，TN-C 系统不可避免地在电源系统内会存在相互的电磁干扰。

另外，TN-S 系统应注意的问题如下：

a. TN-S 系统中的 N 线必须与受电设备外露导电部分和建筑物钢筋严格绝缘布放。

b. 实际上，从电源直接接地点引出的 PE 线与受电设备外露导电部分相连时，通常必须进行重复接地，防止 PE 线断开时，断点后的设备有外壳带电的危险(事实上，在 N 线和 PE 线合一的三相四线制电源中重复接地保护尤其重要)。

在通信电源系统中需要进行接零保护(实际上是重复接地保护)的有：配电变电器、油机发电机组、交直流电动机的金属外壳、整流器、配电屏与控制屏的框架、仪表用互感器二次线圈和铁芯、交流电力电缆接线盒、金属护套、穿线钢管等。

③TN-C-S 系统

此方案由 TN-C 系统和 TN-S 系统组合而成，如图 5.1.21(c)所示。整个系统中有一部分中性线和保护线是合一的系统。TN-C-S 系统多用于环境条件较差的场合。

(2)直流接地系统

按照性质和用途的不同，直流接地系统可分为直流工作接地和直流保护接地两种。直流工作接地用于保护通信设备和直流通信电源设备的正常工作；直流保护接地用于保护人身和设备的安全。

在通信电源的直流供电系统中，为了保护通信设备的正常运行、保障通信质量而设置的电池一极接地，称为直流工作接地，如－48 V、－24 V 电源的正极接地等。直流工作接地的作用主要有以下几点：

①利用大地作良好的参考零电位，保证在各通信设备间甚至各局(站)间的参考电位没有差异，从而保证通信设备的正常工作。

②减少用户线路对地绝缘不良时引起的通信回路间的串音。

在通信系统中，将直流设备的金属外壳和电缆金属护套等部分接地，叫作直流保护接地，其作用主要有以下几点：

①防止直流设备绝缘损坏时发生触电危险，保证维护人员的人身安全。

②减小设备和线路中的电磁感应，保持一个稳定的电位，达到屏蔽的目的，减小杂音的干扰，以及防止静电的发生。

通常情况下，直流工作接地和直流保护接地是合二为一的，但随着通信设备向高频、高速处理方向发展、对设备的屏蔽、防静电要求越来越高。

直流工作接地需连接的设备有：蓄电池组的一极；通信设备的机架或总配线的铁架；通信电缆金属隔离层或通信线路保安器；通信机房防静电地面等。

直流电源通常采用正极接地的原因：主要是大规模集成电路所组成的通信设备元器件的要求，同时也减小由于电缆金属外壳或继电器线圈等绝缘不良对电缆芯线、继电器和其他电器造成的电蚀作用。

**4. 分设接地系统与联合接地系统**

(1)分设接地系统

通信局(站)的工作接地、保护接地和防雷接地的系统，如果分别安装设置、自成系统、互不连接，则为分设接地系统。分设接地系统如图 5.1.22 所示。

当接地系统分设时，各接地系统接地极之间的距离应相隔 20 m 以上。

在通信局(站)按分设的原则设计的接地系统中，往往存在下列问题：

①侵入的防雷浪涌电流在这些分离的接地之间产生高电位差，使装置设备产生过电压。

②由于外界电磁场干扰日趋增大，如强电进城、大功率发射台增多、电气化铁道的兴建，以及高频变流器件的应用等，使地下杂散电流发生串扰，增大了对通信和电源设备的电磁耦合影响。而现代通信设备由于集成化程度高、接收灵敏度高，从而提高了对环境电磁兼容标准的要求。分设接地系统显然无法满足通信的发展对防雷及日益提升的电磁兼容标准的要求。

③接地装置数量过多，受场地限制而导致打入土壤的接地体过密排列，不能保证相互间所需的安全间隔，易造成接地系统间相互干扰。

④配线复杂，施工困难。在实际施工中由于走线架、建筑物内钢筋等导电体的存在，很难把各接地系统真正分开，达不到分设的目的。

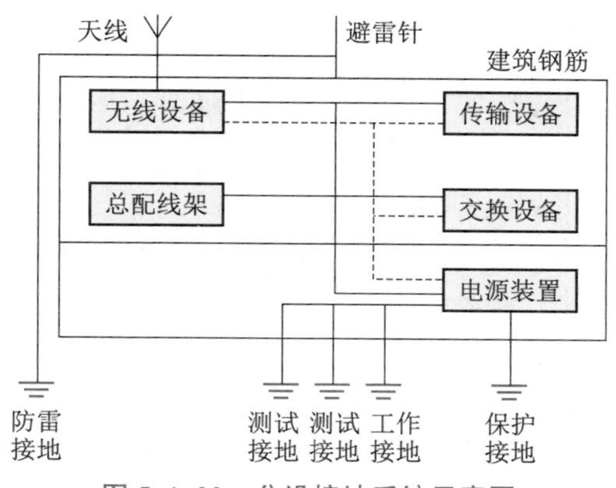


图 5.1.22　分设接地系统示意图

(2)联合接地系统

通信局(站)各类电信设备的工作接地、保护接地及建筑防雷接地共同合用一组接地体的接地方式称为联合接地系统。联合接地系统如图 5.1.23 所示。

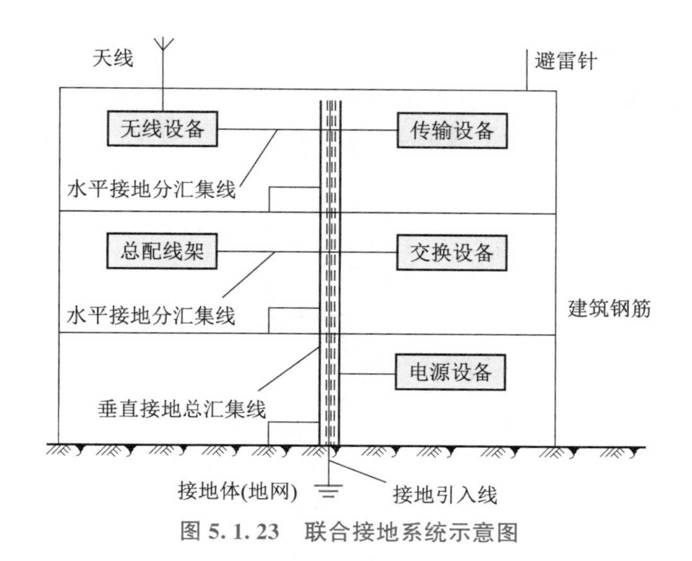


图 5.1.23　联合接地系统示意图

利用通信机房大楼的基础钢筋作为合设的联合接地系统的优点是它的接地电阻很小。在合设的联合接地系统中,为使同层机房内形成一个等电位面,应从每层楼的建筑钢筋上引出接地扁钢,与同楼层的电源设备相连接,有利于受雷电影响过电压的保护,以保护人员和设备的安全。

联合接地系统的组成及要求如下。

①接地体(地网)

图 5.1.24 为接地体(地网)示意图。

接地总汇集线有接地汇集环与汇集排两种形式,前者安装于大楼底层,后者安装于电气室内。接地汇集环与水平环形均压带逐段相互连接,均压环(环形接地体)又与均压网相连,构成均衡电位的接地体,再和基础部分混凝土内的钢筋互相焊接成一个整体,组成低接地电阻的地网。

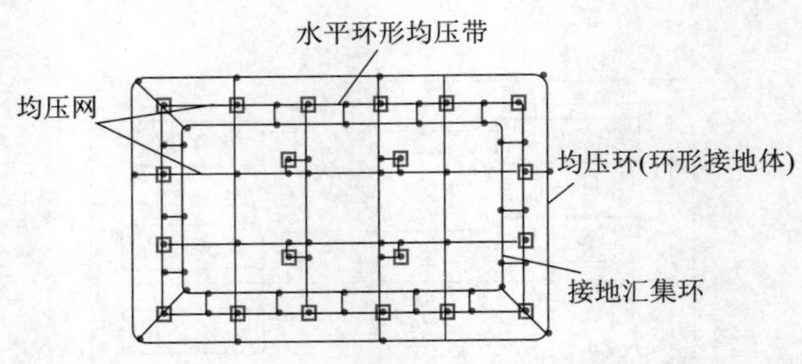


图 5.1.24　接地体（地网）示意图

接地线网络有树状接地地线网、多点接地地线网和一点接地地线网。一点接地地线网是由接地电极系统的一点，呈放射状接至各主干线，再连接各用电设备系统。

②接地母线

在联合接地系统中，垂直接地总汇集线贯穿于电信大楼各层的接地用主干线，也可在建筑物底层安装环形汇集线，然后垂直引到各机房水平接地分汇集线上。这种垂直接地总汇集线称为接地母线。

③对通信大楼建筑与双层地面的要求

要求建筑物混凝土内采用钢框架与钢筋互连，并连接联合地线焊接成法拉第笼状的封闭体，使封闭导体的表面电位变化形成等电位面（其内部场强为零），这样，各层接地点电位同时进行升高或降低的变化，使其不产生层间电位差，也避免了内部电磁场强度的变化，如图 5.1.25 所示。

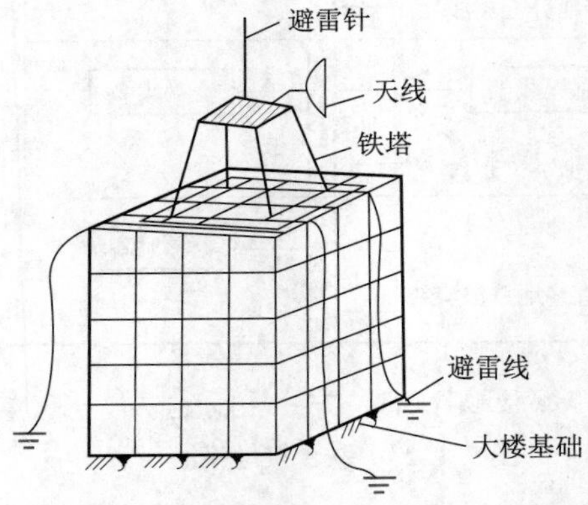


图 5.1.25　通信大楼钢框架钢筋与联合接地线焊成法拉第笼

扫一扫

5.1.3　仿真—5G 基站供电系统搭建

## 【技能实训】5G 基站供电系统搭建

**1. 实训内容**

在“5G 站点工程建设”仿真软件中，根据项目 3 之任务 2 的“【技能实训】基站工程图纸设计”中绘制的设计图纸，完成 5G 基站供电系统的搭建及电源系统的接地。

**2. 实训环境及设备**

装有 IUV“5G 站点工程建设”仿真软件的计算机一台。

**3. 实训步骤及注意事项**

单击“工程实施”，进入设备安装界面。

步骤一:安装机房内电源设备

同项目 4 之任务 2 的“【技能实训】5G 基站通信设备安装”所述,完成机房内设备的安装。

步骤二:进行供电系统中电源线缆的连接

(1)AC 给 DC 配电接线。单击左侧设备指示图中的“AC”,快捷切换到交流配电箱。在右侧工具箱内用鼠标选中“AC 电缆 35 $mm^2$”,单击将电源线一端连接在三相输出端口,如图 5.1.26(a)所示。再次单击左侧设备指示图中的“DC”,快捷切换到开关电源柜,用鼠标下拉到电源柜最下方的交流配电屏界面,单击将线缆另一端连接在交流配电屏上的三相输入端口,如图 5.1.26(b)所示。

(a) AC侧接线

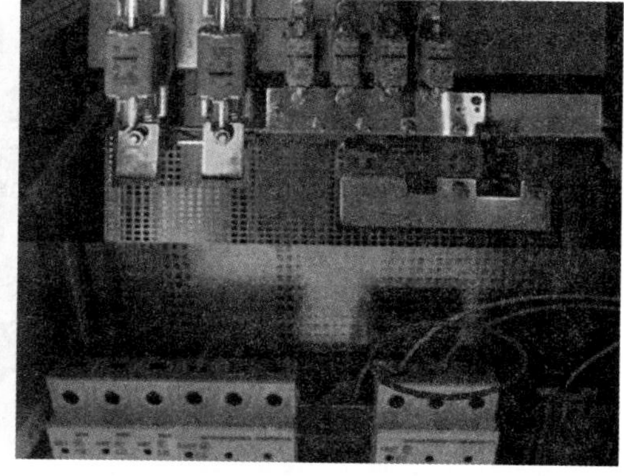

(b) DC侧接线

图 5.1.26　AC 给 DC 配电接线

(2)DC 给 DCDU(综合柜内的配电盒)配电接线。单击左侧设备指示图中的“DC”,快捷切换到开关电源柜最上方的直流配电屏界面,在右侧工具箱内用鼠标选中“DC 电缆 25 $mm^2$”,单击将电源线一端连接在左侧第一个直流供电电源端子上(用于挂接一次下电设备),如图 5.1.27(a)所示。再次单击左侧设备指示图中的“DCDU”,快捷切换到综合柜内的配电盒,单击将电源线另一端连接在配电盒电源输入端口上,如图 5.1.27(b)所示。

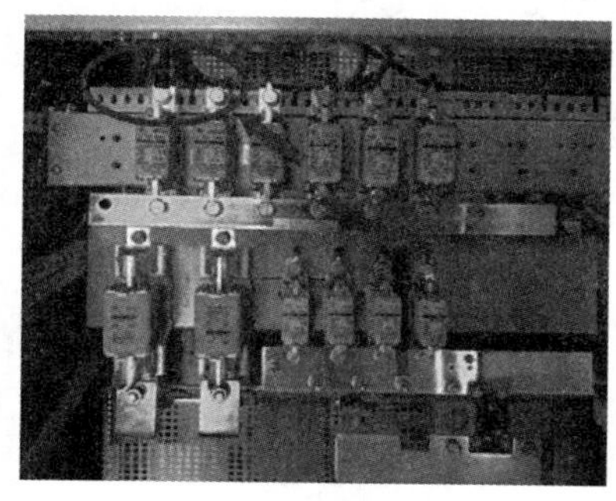

(a) DC侧接线

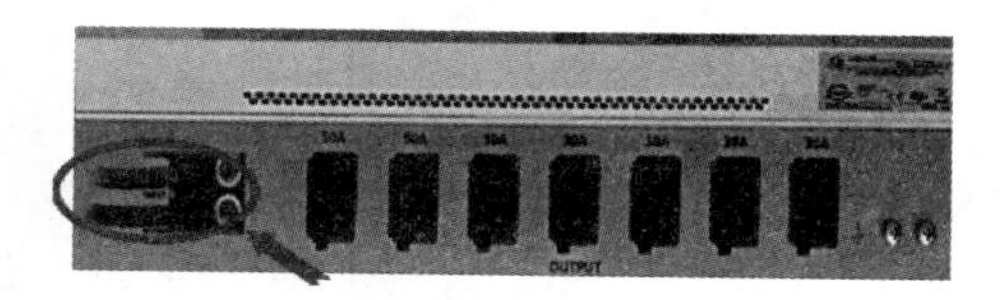

(b) DCDU侧接线

图 5.1.27　DC 给 DCDU 配电接线

(3)DCDU 给 BBU 配电接线。在右侧工具箱内用鼠标选中“DC 电缆 25 $mm^2$”,单击将电源线一端连接在综合柜配线盒左侧第一个 50 A 直流供电接口上,如图 5.1.28(a)所示。再次单击左侧设备指示图中的“BBU”,快捷切换到 BBU 设备面板,单击将电源线另一端连接在 BBU 电源输入端口上,如图 5.1.28(b)所示。注意:BBU 属于一次下电设备。

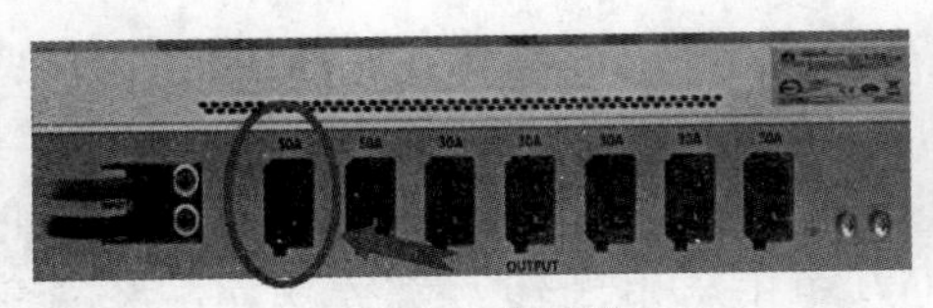


(a) DCDU侧接线

(b) BBU侧接线

图 5.1.28　DCDU 给 BBU 配电接线

(4)BBU 给 GPS 接线。在右侧工具箱内用鼠标单击选中“1/2″馈线”,单击将馈线一端连接在 BBU GPS 接口上,如图 5.1.29(a)所示。再次单击左侧设备指示图中的“GPS”,快捷切换到 GPS 设备界面,单击将馈线另一端连接在 GPS 上,如图 5.1.29(b)所示。

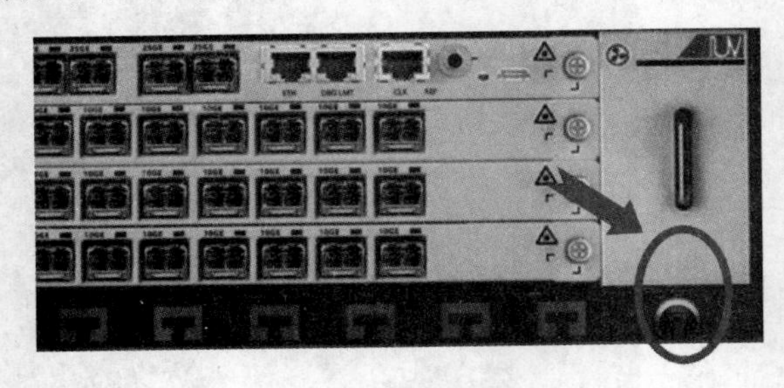

(a) BBU侧接线

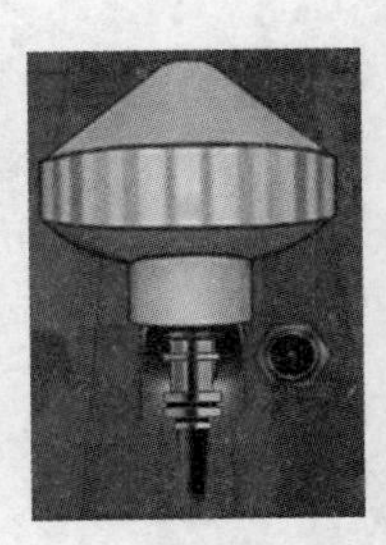

(b) GPS侧接线

图 5.1.29　BBU 给 GPS 接线

(5)DCDU 给 AAU 配电接线。单击左侧设备指示图中的“DCDU”,在右侧工具箱内用鼠标选中“DC 电缆 25 mm²”,单击将电源线一端连接在综合柜配线盒 30 A 直流供电接口上,如图 5.1.30(a)所示。再次单击左侧设备指示图中的“AAU”,快捷切换到 AAU 设备底板,单击将电源线另一端连接在 AAU 电源输入端口上,如图 5.1.30(b)所示。重复上述操作,完成四个 AAU 的配电。

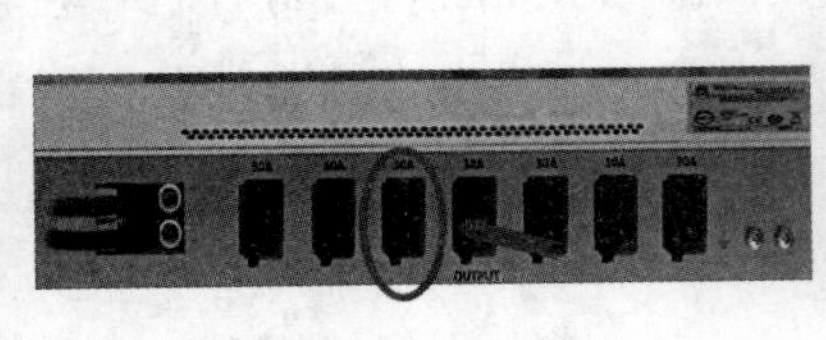


(a) DCDU侧接线

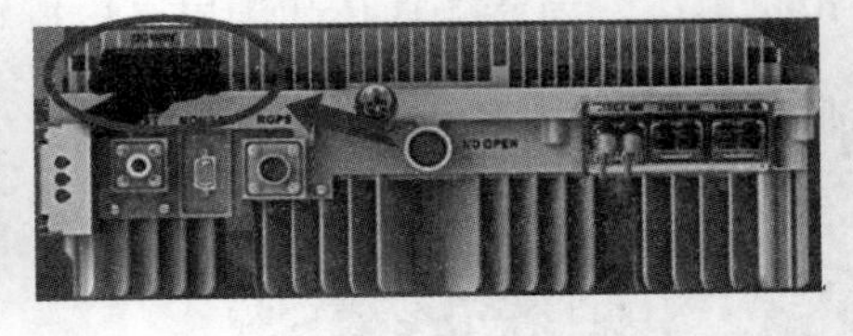

(b) AAU侧接线

图 5.1.30　DCDU 给 AAU 配电接线

(6)DC 给 SPN 配电接线。单击左侧设备指示图中的“开关电源柜 DC”,在右侧工具箱内用鼠标选中“DC 电缆 25 mm²”,单击将电源线一端连接在二次下电电源端子上,如图 5.1.31(a)所示。再次单击左侧设备指示图中的“SPN”,快捷切换到 SPN 设备面板,单击将电源线另一端连接在 SPN 电源输入端口上,如图 5.1.31(b)所示。注意:SPN 属于二次下电设备。

(7)AC 给空调配电接线。单击“空调”,在右侧工具箱内用鼠标选中“AC 电缆 25 mm²”,单击将电源线一端连接在空调电源输入端上,如图 5.1.32(a)所示。再次单击左侧设备指示图中的“AC”,快捷切换到 AC 交流配电屏,单击将电源线另一端连接在 220 V 电源输出端口上,如图 5.1.32(b)所示。

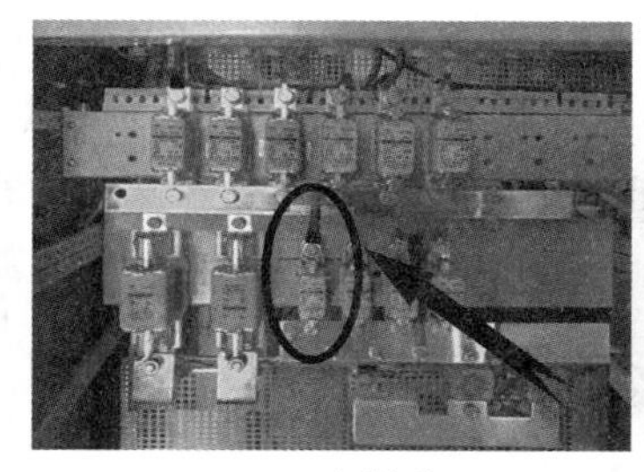

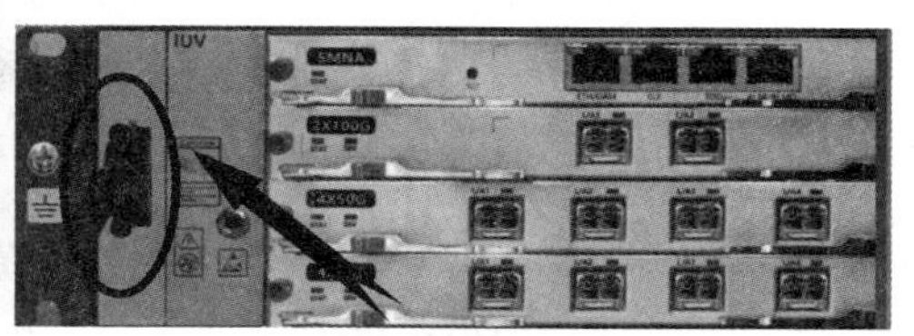


(a) DC侧接线　　(b) SPN侧接线

图 5.1.31　DC 给 SPN 配电接线

(a) 空调侧接线　　(b) AC侧接线

图 5.1.32　AC 给空调配电接线

(8)开关电源柜 DC 挂接蓄电池组。将两组蓄电池并联分别挂接在开关电源的直流配电屏上的两个蓄电池组专属直流供电电源端子上,如图 5.1.33 所示。通常挂接蓄电池组所用线路上串联的熔断器外形体积最大。

至此,基站设备供电线缆连接工作已完成。设备间线缆连接后会在设备指示图中对应设备间生成连线,完成后的设备指示图如图 5.1.34 所示,图中设备间实线连线代表信号线,虚线连线代表电源线。

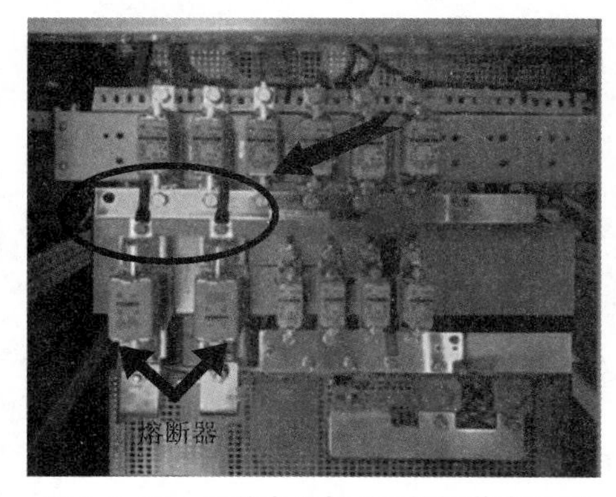


图 5.1.33　开关电源柜 DC 挂接蓄电池组

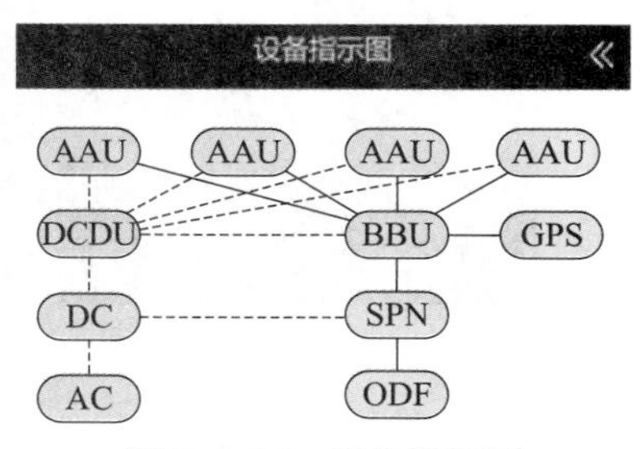


图 5.1.34　设备指示图

步骤三：通信系统接地

（1）AAU 室外接地。单击“视角切换”，切换到商业广场全景，返回到室外场景，单击左侧设备指示图中的“AAU”，在右侧工具箱内选择接地线，用鼠标将接地线一端接在 AAU 接地端，如图 5.1.35(a)所示。单击“视角切换”，切换到第一人称视角。通过按动键盘“W”“S”“A”“D”按键前、后、左、右移动，用鼠标右击“调整视角”，找到室外接地排，如图 5.1.35(b)所示。单击进入接地排界面，用鼠标将接地线另一端接在接地排上，完成 AAU 的接地。重复上述操作，完成四个 AAU 的接地，如图 5.1.35(c)所示。

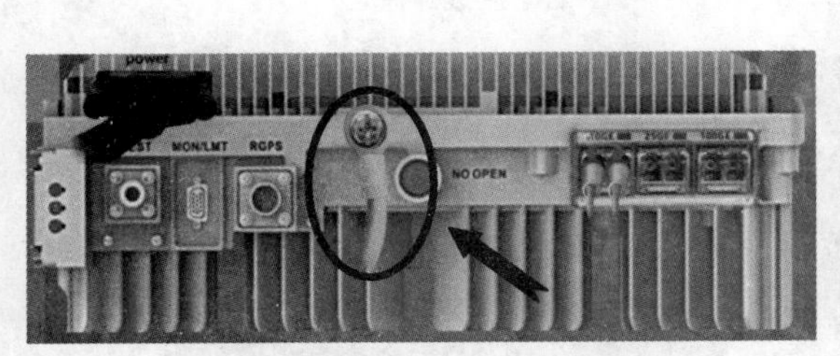


(a) AAU侧接地

(b) 室外接地排

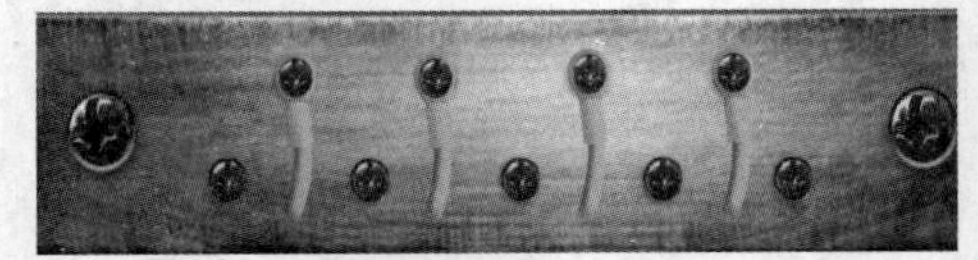

(c) 接地排侧接线

图 5.1.35　AAU 室外接地

（2）交流配电箱 AC 设备接地。单击“视角切换”，切换到租赁机房全景，返回到机房室内，单击左侧设备指示图中的“AC”，在右侧工具箱内选择接地线，用鼠标将接地线一端接在 AC 接地端，如图 5.1.36(a)所示。单击“视角切换”，切换到第一人称视角。通过按动键盘“W”“S”“A”“D”按键前、后、左、右移动，用鼠标右击“调整视角”，找到室内接地排，如图 5.1.36(b)所示。单击进入接地排界面，用鼠标将接地线另一端接在接地排上，完成 AC 设备的接地。

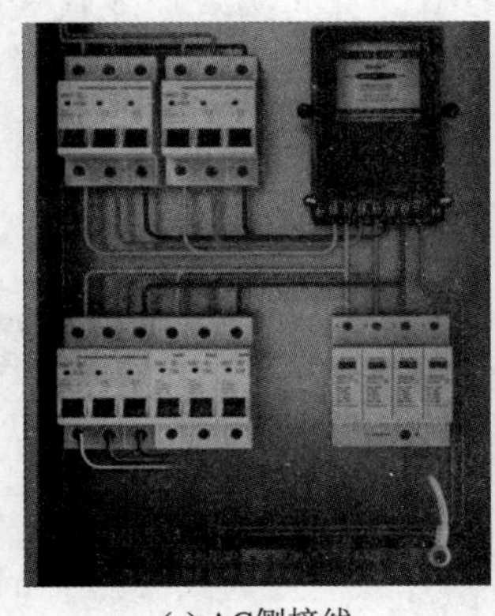

(a) AC侧接线

(b) 室内接地排

图 5.1.36　交流配电箱 AC 设备接地

（3）开关电源柜 DC 设备接地。单击左侧设备指示图中的“DC”，在右侧工具箱内选择接地线,用鼠标将接地线一端接在 DC 接地端,如图 5.1.37 所示。再次单击进入室内接地排界面,用鼠标将接地线另一端接在接地排上,完成 DC 设备的接地。

图 5.1.37　开关电源柜 DC 设备接地

(4)综合柜内设备 SPN、BBU、DCDU 接地。在第一人称视角下通过按动键盘“W”“S”“A”“D”按键前、后、左、右移动,用鼠标右击“调整视角”,单击打开综合柜柜门,找到柜内接地排,如图 5.1.38(a)所示。单击进入接地排界面,在右侧工具箱内选择“接地线”,用鼠标将接地线一端接在接地排上,单击左侧设备指示图中的“SPN”,用鼠标将接地线另一端接在 SPN 接地端,如图 5.1.38(b)所示。

(a) 柜内接地排

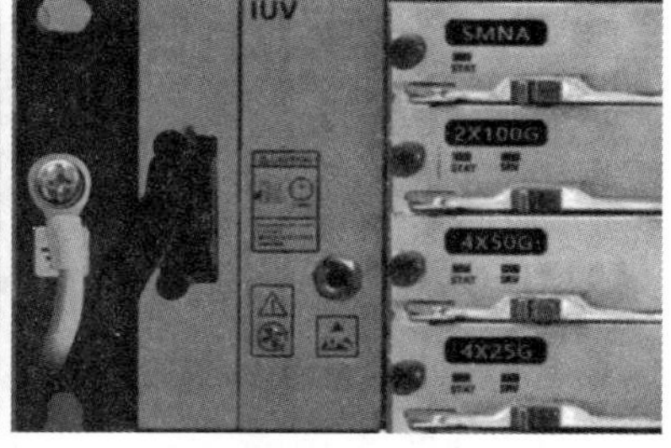


(b) SPN侧接地

图 5.1.38　综合柜内设备接地

仿照上述操作,分别将 BBU、DCDU 与柜内接地排相连接。

(5)综合柜内设备接地排与室内接地排连接。单击“柜内接地排”,进入柜内接地排界面,在右侧工具箱内选择“接地线”,用鼠标将接地线一端接在柜内接地排上,关闭柜内接地排界面。右击“调整视角”,找到室内接地排,用鼠标将接地线另一端接在室内接地排上。

至此,基站设备接地工作完成。

步骤四:基站工程验收

经过之前任务实施完成的站点选址、站点勘察、方案设计、工程预算、工程实施阶段,进入工程验收阶段。单击“工程验收”模块,在右侧的手机上单击“开始测试”,显示测试通过,则说明业务正常。

再在手机上依次选择“小区 2”“小区 3”“小区 4”,进行测试,如图 5.1.39 所示。

**4. 实训小结**

主设备与电源设备连接时,一般连接电源柜的一次下电端子,由于需要接电的主设备较多,为了节省电源柜接电端子资源,通常需要通过配电盒汇总后再接入电源柜。主设备与电源设备连接一般使用 DC 电缆线,根据电流大小,选择合适的线径进行连接。

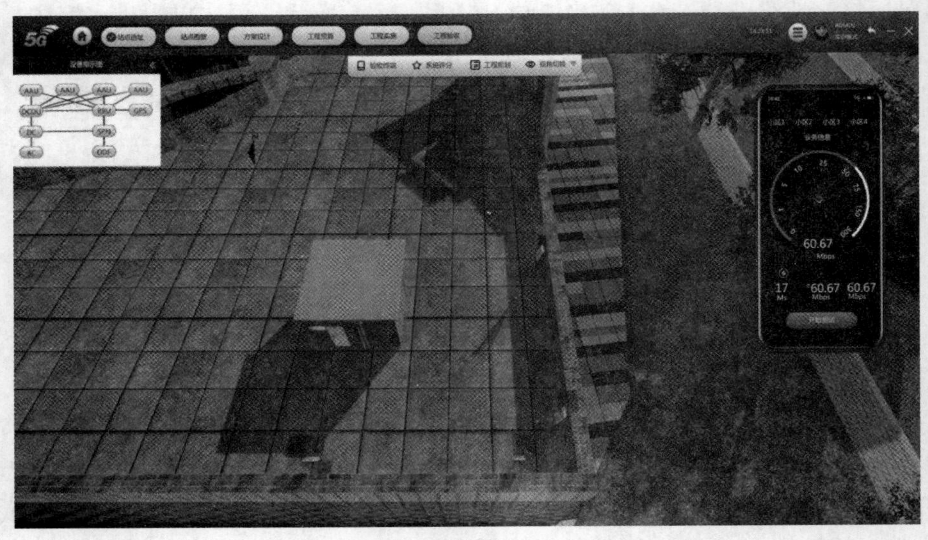


图 5.1.39　基站工程验收

## 【任务评价】

<table>
<tr><td colspan="2">项目名称</td><td></td><td>任务名称</td><td></td></tr>
<tr><td colspan="2">小组成员</td><td></td><td>综合评分</td><td></td></tr>
<tr><td rowspan="10">学生自评</td><td colspan="4">理论任务完成情况</td></tr>
<tr><td>序号</td><td>知识考核点</td><td>自评意见</td><td>自评结果</td></tr>
<tr><td>1</td><td>通信设备对通信电源供电系统的要求</td><td></td><td></td></tr>
<tr><td>2</td><td>通信局(站)的电源系统的组成及工作过程</td><td></td><td></td></tr>
<tr><td>3</td><td>UPS、高频开关电源的作用及设备结构</td><td></td><td></td></tr>
<tr><td>4</td><td>蓄电池的结构、命名方式、寿命影响因素及安装方式</td><td></td><td></td></tr>
<tr><td>5</td><td>蓄电池组充浮充充电、均恒充电和恒压限流充电三种工作方式</td><td></td><td></td></tr>
<tr><td>6</td><td>通信电源系统防雷保护的意义及主要措施</td><td></td><td></td></tr>
<tr><td>7</td><td>通信接地系统的概念及组成</td><td></td><td></td></tr>
<tr><td>8</td><td>正极接地的原因</td><td></td><td></td></tr>
<tr><td rowspan="8">学生自评</td><td colspan="4">训练任务完成情况</td></tr>
<tr><td>项目</td><td>内　　容</td><td>评价标准</td><td>自评结果</td></tr>
<tr><td rowspan="2">训练准备</td><td>设备及备品</td><td>机具材料选择正确</td><td></td></tr>
<tr><td>人员组织</td><td>人员到位,分工明确</td><td></td></tr>
<tr><td rowspan="2">训练方法</td><td>训练方法及步骤</td><td>训练方法及步骤正确</td><td></td></tr>
<tr><td>操作过程</td><td>操作熟练</td><td></td></tr>
<tr><td rowspan="2">实训态度</td><td>参加实训操作积极性</td><td>积极参加实训操作</td><td></td></tr>
<tr><td>纪律遵守情况</td><td>严格遵守纪律</td><td></td></tr>
</table>

续上表

<table>
<tr><td>项目名称</td><td colspan="2"></td><td>任务名称</td><td></td></tr>
<tr><td>小组成员</td><td colspan="2"></td><td>综合评分</td><td></td></tr>
<tr><td rowspan="6">学生自评</td><td rowspan="3">质量考核</td><td>电源设备安装</td><td>设备选择正确，安装位置规范</td><td></td></tr>
<tr><td>电源线缆连接</td><td>线缆选择正确，接口连接无误，接线无遗漏</td><td></td></tr>
<tr><td>通信系统接地</td><td>设备接地无遗漏，步骤正确，操作过程规范</td><td></td></tr>
<tr><td rowspan="2">安全考核</td><td>安全操作</td><td>按照安全操作流程进行操作</td><td></td></tr>
<tr><td>考核训练后现场整理</td><td>机具材料复位，现场整洁</td><td></td></tr>
<tr><td colspan="4">（根据个人实际情况选择：A. 能够完成；B. 基本能完成；C. 不能完成）</td></tr>
<tr><td>学习小组评价</td><td colspan="4">团队合作□ 学习效率□ 获取信息能力□ 交流沟通能力□ 动手操作能力□<br>（根据完成任务情况填写：A. 优秀；B. 良好；C. 合格；D. 有待改进）</td></tr>
<tr><td>老师评价</td><td colspan="4"></td></tr>
</table>

## 任务2　动力环境集中监控系统

### 【任务引入】

移动通信基站数量庞大且很多处于城市边缘或山区，采用传统的人工巡查维护管理方式非常困难，在此背景下动力环境集中监控系统应运而生。什么是动力环境集中监控系统？动力环境集中监控系统是如何传输数据与组网的？带着这些问题我们来学习动力环境集中监控系统的相关知识，同时学习机房里重要的环境保障设备——空调。

### 【任务单】

<table>
<tr><td>任务名称</td><td>动力环境集中监控系统</td><td>建议课时</td><td>6</td></tr>
<tr><td colspan="4">任务内容：<br>1. 了解动力环境集中监控系统的概念及作用。<br>2. 了解动力环境集中监控系统的数据采集方式及监控对象。<br>3. 认知常见监控硬件设备，掌握常见传感器的作用与原理。<br>4. 理解空调设备的作用、性能指标及工作原理。<br>5. 分析处理动力环境集中监控系统常见故障</td></tr>
</table>

续上表

| 任务名称 | 动力环境集中监控系统 | 建议课时 | 6 |
| --- | --- | --- | --- |
| 任务设计：<br>1. 课前准备，了解移动通信基站是如何进行管理的。<br>2. 在老师引导下，进行讨论并指出通信机房中常见的监控硬件设备。<br>3. 老师讲解动力环境集中监控系统的结构与传输组成。<br>4. 在老师引导下，结合生活实际探讨空调的功能、性能指标，再由老师讲解空调的工作原理。<br>5. 对动力环境集中监控系统常见故障进行分析与处理 | | | |
| 建议学习方法 | 老师讲解、分组讨论、案例教学 | 学习地点 | 实训室 |

## 【知识链接 1】 动力环境集中监控系统的功能

### 1. 动力环境集中监控系统的概念

动力环境集中监控系统(以下简称“监控系统”)对分布的各个独立的动力设备和机房环境监控对象进行遥测、遥信、遥控，实时监控系统和设备的运行状态，记录和处理相关数据，及时侦测故障并通知维护人员进行处理，从而实现通信局(站)的少人或无人值守，集中维护管理。

### 2. 监控系统功能

监控系统主要实现以下三种功能：

(1)数据采集和设备控制

数据采集是监控系统最基本的功能要求，必须精确和迅速；设备控制是为了实现维护要求而立即改变系统运行状态的有效手段，必须可靠。对各种被监控设备(如开关电源、空调、蓄电池组、发电机组、消防设备、摄像设备等)进行集中操作维护，为实现机房少人或无人值守创造条件。通过对设备的集中维护，缩短故障排除时间，提高设备利用率。数据采集和控制功能可以总结为“三遥”功能，即遥测——远距离数据测量、遥信——远距离信号收集、遥控——远距离设备控制。

(2)设备运行和维护

设备运行和维护是基于数据采集和设备控制之上的系统核心功能，以完成日常的告警处理、控制操作和规定的数据记录等。

(3)管理

管理应实现以下四组功能：

①配置管理

配置管理具有收集、鉴别、控制来自下层的数据并将数据传输至上级的功能，包括局向数据的增加、删除、修改，以及现场监控量的一般配置、告警门限配置等。

②故障管理

故障管理具有对被监控对象运行异常情况进行检测、报告和校正的功能，以及时发现紧急事件，防止由设备原因而造成的通信中断、机房失火等重大事件的发生，包括告警等级管理、告警信号的人机界面、告警确认、告警门限设置和告警屏蔽等。

③性能管理

性能管理具有对被监控对象的状态及网络有效性的评估和报告的功能，包括设备主要运行数据及参数；停电、发电机及时供电情况；设备故障、告警统计；监控系统可用性分析等。

④安全管理

安全管理具有保证运行中的监控系统安全的功能。

**3. 监控系统的数据采集**

对动力设备而言，其监控量有数字量、模拟量和开关量。对于数字量（如频率、周期、相位和计数）的采集，其输入较简单，数字脉冲可直接作为计数输入、测试输入、I/O 输入或中断源输入进行事件计数、定时计数，实现脉冲的频率、周期、相位及计数测量。对于模拟量的采集，则应通过 A/D 转换后传输至总线、I/O 或扩展 I/O。对于开关量的采集，则一般通过 I/O 或扩展 I/O。对于模拟量的控制，必须通过 D/A 转换后传输至相应控制设备。

串行通信是 CPU 与外部通信的基本方式之一，在监控系统中采用的是异步串行通信方式，波特率一般设定为 2 400～9 600 Baud。监控系统中常用的串行接口有 RS-232、RS-422、RS-485。

RS-232 接口采用负逻辑，逻辑“1”电平为－15～－5 V，逻辑“0”电平为＋5～＋15 V。RS-232 的传输速率为 1 Mbit/s 时，传输距离小于 1 m；传输速率小于 20 kbit/s 时，传输距离小于 15 m。RS-232 只适用于短距离传输。

RS-422 采用了差分平衡电气接口，在 100 kbit/s 传输速率时，传输距离可达 1 200 m，在 10 Mbit/s 传输速率时可传 12 m。与 RS-232 不同的是，在一条 RS-422 总线上可以挂接多个设备。RS-485 是 RS-422 的子集。RS-422 为全双工结构，RS-485 为半双工结构。

监控系统现场总线一般都采用 RS-422 或 RS-485 方式，由多个单片机构成主从分布式较大规模测控系统。具有 RS-422、RS-485 接口的智能设备可直接接入，具有 RS-232 接口的智能设备需将接口转换后接入。各种高低压配电设备的数据、环境量、电池组信号通过采集器接入现场控制总线送到端局监控主机，然后上报监控中心，如图 5.2.1 所示。

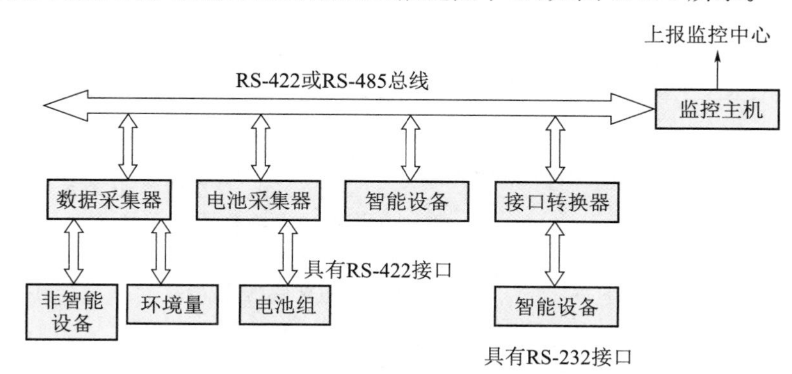


图 5.2.1　端局现场监控系统示意图

**4. 监控对象及监控内容**

(1)监控系统的监控对象

监控系统的监控对象包括动力设备和机房环境，具体监控对象见表 5.2.1。

表 5.2.1　监控对象一览表

| 分　类 | 监　控　对　象 | |
|---|---|---|
| 电源设备 | 高压配电设备 | 进线柜、出线柜、母联柜、直流操作电源柜、变压器 |
| | 低压配电设备 | 进线柜、主要配电柜、补偿柜、稳压器 |
| | 整流配电设备 | 交流屏、直流屏、整流器/开关电源、蓄电池组 |
| | 变流设备 | UPS、逆变器、DC/DC 变换器 |
| | 发电设备 | 柴油发电机组、燃气发电机组、太阳能供电系统、风力发电设备 |

续上表

| 分　类 | 监　控　对　象 |
|---|---|
| 空调设备 | 机房专用空调、中央空调、分体空调 |
| 机房环境 | 环境条件及安全防卫类传感器 |
| 监控系统 | 监控系统软、硬件 |

(2)监控系统的监控内容

监控内容是指对上述监控对象所设置的具体的采控信号量,也称为监控项目、监控点或测点。从数据类型上看,这些信号量包括模拟量、数字量、状态量和开关量等;从信号的流向上看,包括输入量和输出量两种。由此可以将这些监控项目分为遥测、遥控、遥信及遥调、遥像等类型。通常把遥调归入遥控中,遥像归入遥信中,并称为“三遥”。

遥测的对象都是模拟量,包括电压、电流、功率等各种电量和温度、压力、液位等各种非电量。

遥信的内容一般包括设备运行状态和状态告警信息两种。

遥控量的值类型通常是开关量,用以表示“开”“关”或“运行”“停机”等信息,也有采用多值的状态量的,使设备能够在几种不同状态之间进行切换动作。

遥调是指监控系统远程改变设备运行参数的过程。遥调量一般是数字量。

遥像是指监控系统远程显示电源机房现场的实时图像信息的过程。

根据规定,各种监控对象的监控内容见表 5.2.2。

表 5.2.2　监控内容一览表

| 监控对象 | | 监　控　内　容 | | |
|---|---|---|---|---|
| | | 遥　测 | 遥　信 | 遥控/遥调 |
| 高压配电设备 | 进线柜 | 输入电压、输入电流、有功功率、无功功率 | 1. 开关状态。<br>2. 过流跳闸、速断跳闸、接地跳闸(可选)、失压跳闸(可选)告警 | — |
| | 出线柜 | — | 1. 开关状态<br>2. 过流跳闸、速断跳闸、接地跳闸(可选)、失压跳闸(可选)告警 | — |
| | 母联柜 | — | 1. 开关状态。<br>2. 过流跳闸、速断跳闸告警 | — |
| | 直流操作电源柜 | 储能电压(可选)、控制电压(可选) | 1. 开关状态。<br>2. 充电机故障告警 | — |
| | 变压器 | 表面温度 | 瓦斯告警、过温告警 | — |
| 低压配电设备 | 进线柜 | 输入电压、电流、频率、功率因数 | 开关状态 | 开关分合闸(可选) |
| | 主要配电柜 | 电压(可选)、电流(可选) | 开关状态 | 开关分合闸(可选)、ATS的转换(可选) |
| | 稳压器 | 输入电压、输入电流、输出电压、输出电流 | 1. 工作状态(工作/旁路)。<br>2. 故障告警 | — |
| | 补偿柜 | 补偿电流(可选) | 工作状态(接入/断开) | — |

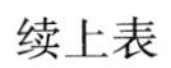

续上表

<table>
<tr><th colspan="2" rowspan="2">监控对象</th><th colspan="3">监　控　内　容</th></tr>
<tr><th>遥　　测</th><th>遥　　信</th><th>遥控/遥调</th></tr>
<tr><td rowspan="4">发电设备</td><td>柴油发电机组</td><td>输出电压、电流、功率、频率/转速、水温(水冷)、缸体温度(风冷)、机油压力、机油温度(风冷)、启动电池电压、油箱液位</td><td>1. 工作状态(运行/停机)、工作方式(自动/手动)。<br>2. 充电机故障、皮带断裂(风冷)、启动失败、过压、欠压、过载、油压低、水温高、频率/转速高、启动电池电压低、油位低告警</td><td>开机/关机、紧急停机</td></tr>
<tr><td>燃气发电机组</td><td>输出电压、电流、功率、频率/转速、水温、机油压力、机油温度、启动电池电压、控制电池电压、进气温度、排气温度</td><td>1. 工作状态(运行/停机)、工作方式(自动/手动)。<br>2. 启动失败、过压、欠压、过载、油压低、油温高、水温高、频率/转速高、启动电池电压低、排气温度高告警</td><td>开机/关机、紧急停机</td></tr>
<tr><td>太阳能供电系统</td><td>直流输出电压、电流、蓄电池组充放电电流</td><td>1. 工作状态。<br>2. 方阵故障告警</td><td>—</td></tr>
<tr><td>风力发电设备</td><td>输出电压、电流、频率</td><td>1. 工作状态。<br>2. 风机故障告警</td><td>—</td></tr>
<tr><td rowspan="4">整流配电设备</td><td>交流屏</td><td>输入电压、电流、频率(可选)</td><td>1. 主要开关状态。<br>2. 熔丝状态</td><td>—</td></tr>
<tr><td>整流器/开关电源</td><td>整流器输出电压、整流模块输出电流</td><td>1. 整流模块工作状态(开机/关机、均充/浮充、限流/不限流)。<br>2. 整流模块故障、监控模块故障</td><td>启动/停止(可选)、均充/浮充(可选)</td></tr>
<tr><td>直流屏</td><td>直流输出电压、电流</td><td>1. 蓄电池组熔丝状态<br>2. 主要分路熔丝/开关故障</td><td>—</td></tr>
<tr><td>蓄电池组</td><td>蓄电池组总电压、蓄电池组充放电电流、单体蓄电池电压(可选)、标识电池温度(可选)</td><td>—</td><td>—</td></tr>
<tr><td rowspan="3">变流设备</td><td>UPS</td><td>交流输入电压(可选)、直流输入电压、标识蓄电池电压(可选)、标识蓄电池温度(可选)、交流输出电压、交流输出电流、输出频率</td><td>1. 同步状态、UPS旁路供电。<br>2. 市电故障、整流器故障、逆变器故障、旁路故障告警</td><td>—</td></tr>
<tr><td>逆变器</td><td>直流输入电压、直流输入电流、交流输出电压、交流输出电流、输出频率</td><td>故障告警</td><td>—</td></tr>
<tr><td>DC/DC变换器</td><td>输入电压、输入电流、输出电压、输出电流</td><td>故障告警</td><td>—</td></tr>
<tr><td rowspan="3">空调设备</td><td>分体空调</td><td>主机工作电流</td><td>1. 开机/关机状态。<br>2. 主机告警</td><td>开机/关机</td></tr>
<tr><td>中央空调</td><td>交流输入电流(可选)、主机工作电流、冷却水泵工作电流、冷冻水泵工作电流、冷却水和冷冻水进/出水温度(可选)、送/回风温度;送/回风湿度(可选)</td><td>1. 风柜风机、水塔风机、冷却水泵、冷冻水泵、主机工作状态。<br>2. 主机告警、风柜风机告警</td><td>启动、关闭风柜风机</td></tr>
<tr><td>机房专用空调</td><td>主机工作电流、吸气压力、排气压力、送风温度、回风温度、送风湿度、回风湿度</td><td>1. 工作状态(运行/停机)。<br>2. 主机、过滤器、风机故障告警</td><td>开机/关机、温度/湿度设定(可选)</td></tr>
<tr><td colspan="2">环境条件及安全防卫类传感器</td><td>环境温度、环境湿度</td><td>烟雾、门窗、玻璃碎、水浸、红外告警</td><td>—</td></tr>
<tr><td colspan="2">监控系统</td><td>—</td><td>线路故障、采集模块故障</td><td>—</td></tr>
</table>

## 【知识链接 2】 常见监控硬件介绍

### 1. 传感器

传感器是在监控系统前端测量中的重要器件，它负责将被测信号检出、测量并转换成前端计算机能够处理的数据信息。由于电信号易被放大、反馈、滤波、微分、存储，以及远距离传输等，且目前电子计算机只能处理电信号，所以通常使用的传感器大多是将被测的非电量（物理的、化学的和生物的信息）转换为一定大小的电量输出。

（1）温度传感器

温度传感器是通过物体温度变化而改变某种特性来间接测量的。常用的温度传感器有热敏电阻传感器、热电偶温度传感器及集成温度传感器等。

（2）湿度传感器

湿度传感器是在其所用的功能材料能发生与湿度有关的物理效应和化学反应的基础上制造的。通过对与湿度有关的电阻、电容等参数的测量，可以测量相对湿度。常用的湿度传感器有阻抗型湿度传感器、电容式湿度传感器及热敏电阻式湿度传感器等。

（3）感烟探测器

火灾探测器分为感烟探测器、感温探测器和火焰探测器。感烟探测器又分为离子感烟型和光电感烟型；感温探测器又分为定温感温型和差温感温型。工程上使用最多的是离子感烟探测器，如图 5.2.2 所示。

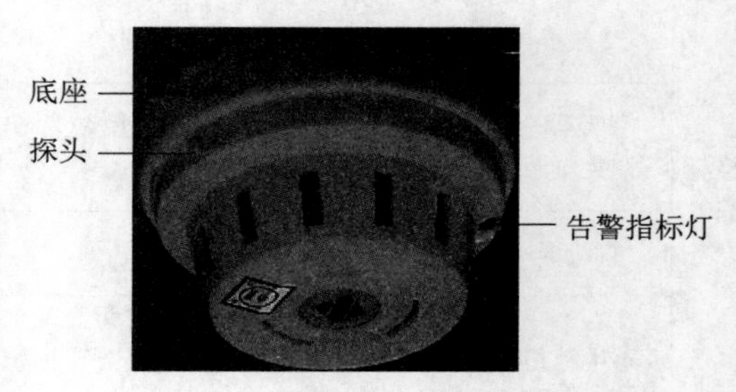

图 5.2.2 离子感烟探测器

离子感烟探测器利用放射性元素产生的射线，使空气电离产生微电流来检测烟雾。由于离子感烟探测器只有垂直烟才能使其报警，因此，应将其装在房屋的最顶部；灰尘会使感烟头的灵敏度降低，因此，应注意防尘；离子感烟探测器使用放射性元素$^{137}C_s$，应避免拆卸，注意施工安全。

（4）红外传感器

①被动式红外入侵探测器

目前安全防范领域普遍采用热释电传感器制造的被动式红外入侵探测器。若热释电材料（如锆钛酸铅等）表面的温度上升或下降，则该表面产生电荷，这种效应称为热释电效应。当人体在监视区域中运动时，由热释电传感器检测，并输出一串电脉冲信号，经相应的电路处理，输出告警信号。

②微波、红外双鉴入侵探测器

红外告警探测器是基于探测人体辐射的红外线来工作的，对外界热源的反映比较敏感，在有较强发热源的环境中工作容易出现告警。微波探测器根据多普勒效应原理来探测移动物体。同时运用微波和红外原理制作的探测器能有效地降低误告警率。目前使用的入侵探测器常加上智能防小动物电路，即三鉴入侵探测器，系统的可靠性得到了进一步提高。

（5）液位传感器

①警戒液位传感器

常用的警戒液位传感器根据光在两种不同媒质界面发生反射和折射原理来测量液体，常被用于测量是否漏水，俗称为水浸探测器。

②连续液位传感器

连续液位传感器利用测量压力（压降）或随液面变化带动线性可变电阻的变化，并经过一定的换算来测出液位的高度。在监控系统中常被用来测量柴油发电机组油箱油位的高度。

**2. 变送器**

由于传感器转换后输出的电量各式各样，有交流也有直流，而且电压和电流大小不一，然而一般D/A转换器件的量程又在5 V直流电压以下，所以有必要将不同传感器输出的电量转换成标准的直流信号，具有这种功能的器件就是变送器。换句话说，变送器是能够将输入的被测电量（电压、电流等）按照一定规律进行调制、变换，使之成为可以传送的标准输出信号（一般是电信号）的器件。

变送器除了可以变送信号外，还具有隔离作用，能够将被测参数上的干扰信号排除在数据采集端之外，同时也可避免监控系统对被测系统的反向干扰。

此外，还有一种传感变送器，实际上是传感器和变送器的结合，即先通过传感部分将非电量转换为电量，再通过变送部分将这个电量变换为标准电信号进行输出。

**3. 协议转换器**

通信协议的内容一般包括通信机制、通信内容、命令及应答格式、数据格式和意义、通用及专用编码等。通信双方如果协议不一致，就会像两个语言不通的人难以进行相互交流一样。对于目前已经存在的大量智能设备通信协议与标准的通信协议不一致的情况，必须通过协议转换来保证通信。实现协议转换的方法通常是采用协议转换器，将智能设备的通信协议转换成标准协议，再与通信局（站）中心监控主机进行通信。

## 【知识链接3】　监控系统的结构和传输

**1. 监控系统网络结构**

监控系统采用逐级汇接的结构，一般由监控中心、监控站、监控单元和监控模块构成，如图5.2.3所示。

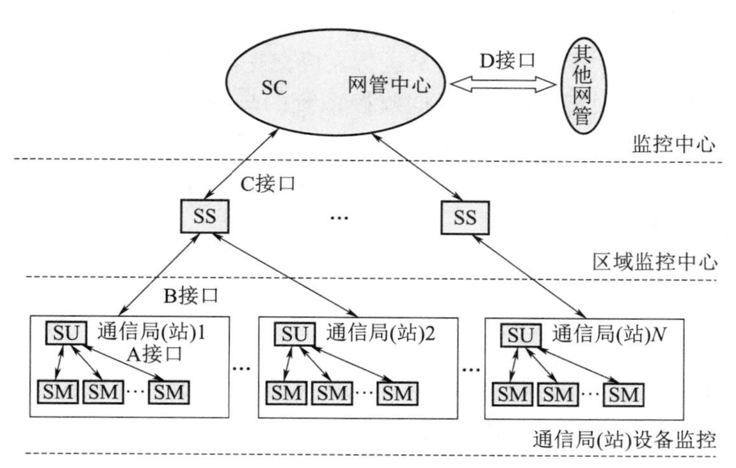


图5.2.3　监控系统的结构

监控中心（Supervision Center，SC）：本地网或同等管理级别的网络管理中心。监控中心为适应集中监控、集中维护和集中管理的要求而设置。

监控站(Supervision Station,SS):区域管理维护单位。监控站为满足县、区级的管理要求而设置,负责辖区内各监控单元的管理。

监控单元(Supervision Unit,SU):监控系统中最基本的通信局(站)。监控单元一般完成一个物理位置相对独立的通信局(站)内所有监控模块的管理工作,个别情况可兼管其他小局(站)的设备。

监控模块(Supervision Module,SM):完成特定设备管理功能,并提供相应监控信息的设备。监控模块面向具体的被监控对象,完成数据采集和必要的控制功能。一般按照被监控系统的类型有不同的监控模块,在一个监控系统中往往有多个监控模块。

**2. 监控中心的结构**

监控中心一般采用以太网进行组网,连接各监控设备。监控中心一般由通信服务器、数据库服务器、监控主机大屏幕显示设备等组成,如图 5.2.4 所示。

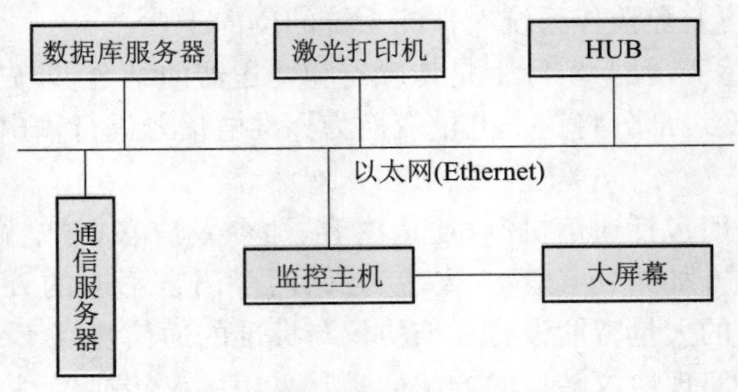


图 5.2.4　监控中心结构图

(1)通信服务器:负责数据的处理和中心与通信局(站)SU 的通信工作(包括采集信息、发送命令和接收告警等),将接收到的数据提供给监控主机用作显示,并将需要存储的数据发送到数据库服务器中存储。

(2)数据库服务器:主要负责各种监控历史数据的存储,供上层应用软件使用。

(3)监控主机:供维护人员进行操作,用来进行告警显示、实时或历史数据查询、命令发送,同时还向用户提供各种系统管理功能。

(4)大屏幕显示设备:更好地供维护人员进行人机交互,通常使用大屏幕显示器、投影仪等。

上述设备组成并不是固定的配置,根据监控系统的规模,可以灵活组合。规模大的网络可以配置多台计算机用作维护终端,规模小的网络可以只配置一台计算机,具有上述各设备的功能。为了增加系统的安全性,还可以配置互为主备用的两台数据库服务器。

**3. 监控系统的传输**

传输与组网在电源监控系统中占有很主要的地位,它是监控数据正确和快速的基础。

(1)传输资源

①PSTN

公用电话网(Public Service Telephone Network,PSTN)是最普通的传输资源,其缺点是误码多、易受干扰,一般不作为主要传输路由,只作为备份路由。

②2M

2M 资源,又称 E1 线路,是电信系统中最常见的一种资源。2M 的接口有两种,一种是平衡接口,采用两对阻抗为 120 Ω 的线对,一对收,一对发;另一种是非平衡接口,采用一对阻抗为 75 Ω 的同轴电缆,一根收,一根发。按照时分复用的方法,把一个 2 048 kbit/s 的比特流,分为 32 个 64 kbit/s 的通道，每个通道称为一个时隙，编号 0～31，其中时隙 0 作为交换机之间同步使用，其他时隙用来承载其他业务。在监控系统中既可用来传输图像信号，也可用来传输数据信号。

③DDN

数字数据网（Digital Date Network，DDN）为电信部门的一个数据业务网，其主要功能是向用户提供端到端的透明数字串行专线。

所谓透明数字串行专线，就是用户从一端发送出来的数据，在另一端原封不动地被接收，网络对承载用户数据没有任何协议要求。它可分为同步串行专线和异步串行专线。同步串行专线的通路速率从 64 kbit/s 至 $n\times64$ kbit/s，最高达 2 048 kbit/s；异步串行专线的通路速率一般小于 64 kbit/s，从 2.4 kbit/s、9.6 kbit/s 至 38.4 kbit/s。在监控系统中多被用来传输动力监控数据信号。

④97 网

97 网是电信系统内部的计算机网络，提供以太网或 RS-232 串口，可直接利用。

⑤ISDN

综合业务数字网（Integrated Service Digital Network，ISDN）以全网数字化，将现有的话音业务和数据业务通过一个网络提供给用户。

（2）传输组网设备

根据组网设备在网络互联中起的作用和承担的功能，可分为接入设备、通信设备、交换设备和辅助设备。

①接入设备用于接入各个终端计算机，主要有多串口卡和远程访问服务器等。

②通信设备用于承担联网线路上的数据通信功能，主要有调制解调器（MODEM）、数据端接设备（DTU）等。

③交换设备用于提供数据交换服务，构建互联网络的主干，较常用的是路由器。在数据通信时，发送数据的计算机必须将发到其他网络上的数据帧首先发给路由器，然后由路由器转发到目的地址。

④辅助设备在网络互联中起辅助的作用，常用的有网卡、收发器和中继器等。

## 【知识链接 4】　空调

通信机房是电子设备最密集的地方，一般都是 24 h 工作。工作过程中机房电子设备会产生相当多的热量，设备越多、温度就越高。当超过一定温度时，会影响设备的正常运转，严重时甚至会烧坏设备，因此，需要在通信机房里安装空调设备，将机房内的温度和湿度等调节在一定范围内，保证设备的正常运转。空调也是监控系统的重要监控对象。

### 1. 空调的类型和性能指标

“空调”是空气调节的简称，就是用控制技术使室内空气的温度、湿度、清洁度、气流速度等达到所需的要求，即以改善环境条件来满足生活舒适和工艺设备的要求。空调的功能主要有制冷、制热、加湿、除湿和温湿度控制等。

小型整体式（如窗式和移动式）和分体式空调器统称为房间空调器。国家标准规定，房间空调器使用全封闭式压缩机和风冷式冷凝器，电源可以是单相，也可以是三相。它是局部式空调器的一类，广泛用于家庭、办公室等场所，因此，又把它称为家用空调器。

房间空调器型式多种多样，具体分类和型号分别如图 5.2.5 和图 5.2.6 所示。整体式房间空调器主要是指窗式空调器，也包括移动式空调器。

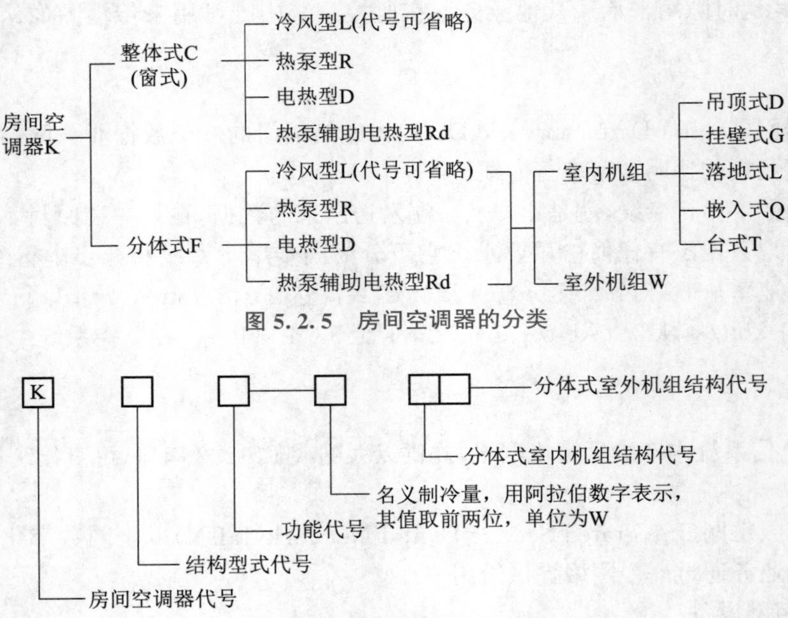


图 5.2.5　房间空调器的分类

图 5.2.6　房间空调器型号表示

如果考虑房间空调器的主要功能，可分为：冷风型（单冷型），可省略代号；热泵型，代号为R；电热型，代号为 D；热泵辅助电热型，代号为 Rd。后三种统称为冷热型空调器。

空调器型号举例如下：

KC31，即单冷型窗式空调器，制冷量为 3 100 W。

KFR-35GW，即热泵型分体壁挂式空调器，制冷量为 3 500 W。

KFD-70LW，即电热型分体落地式空调器，制冷量为 7 000 W。

(1)冷风型空调器

这种空调器只吹冷风，用于夏季室内降温，兼有除湿功能，为房间提供适宜的温度和湿度。冷风型空调器又称单冷型空调器，它的结构简单、可靠性好、价格便宜，是空调器中的基本型，使用环境为 18～43 ℃。

窗式和分体式空调器都有冷风结构。

(2)冷热型空调器

这种空调器在夏季可吹冷风，冬季可吹热风。其制热有两种方式：热泵制热和电加热，两种方式兼用时称热泵辅助电热型空调器。

**2. 空调器的工作环境与性能指标**

(1)房间空调器的工作环境

①环境温度：房间空调器通常工作的环境温度见表 5.2.3。

表 5.2.3　空调器工作的环境温度

| 型　式 | 代　号 | 使用的环境温度(℃) |
|---|---|---|
| 冷风型(单冷型) | L | 18～43 |
| 热泵型 | R | −5～＋43 |

续上表

| 型　式 | 代　号 | 使用的环境温度(℃) |
|---|---|---|
| 电热型 | D | <43 |
| 热泵辅助电热型 | Rd | －5～＋43 |

②电源:电源额定频率为 50 Hz,单相交流电额定电压为 220 V、三相交流电额定电压为 380 V。使用电源电压值允许差为±10%。

(2)空调器的性能指标

空调器的主要性能参数有以下 10 项:

①名义制冷量——在名义工况下的制冷量,单位为 W。

②名义制热量——冷热型空调器在名义工况下的制热量,单位为 W。

③室内送风量——室内循环风量,单位为 $m^3/h$。

④输入功率——一般以 W 或 kW 为单位,标在铭牌上或说明书中。

⑤额定电流——名义工况下的总电流,单位为 A。

⑥风机功率——电动机配用功率,单位为 W。

⑦噪声——在名义工况下机组噪声,单位为 dB。

⑧制冷剂种类及充注量——例如 R22,单位为 kg。

⑨使用电源——单相额定电压 220 V,额定频率 50 Hz;三相额定电压 380 V,额定频率 50 Hz。

⑩外形尺寸——长×宽×高,单位为 mm。

注:制冷量为单位时间所吸收的热量。

空调器铭牌上的制冷量叫名义制冷量,单位为 W,还可以使用的单位为 kJ/h,两者的关系为:1 kW=3 600 kJ/h。

国家标准规定名义制冷量的测试条件为:室内干球温度为 27 ℃,湿球温度为 19.5 ℃;室外干球温度为 35 ℃,湿球温度为 24 ℃。标准还规定,允许空调器的实际制冷量可比名义制冷量低 8%。

(3)空调器的性能系数

性能系数又叫能效比(Energy and Efficiency Rate,EER)或制冷系数,即能量与制冷效率的比率。把制冷量与总耗能量的比率,称作制冷系数,其含义是指空调器在规定工况下制冷量与总的输入功率之比,即性能系数 EER=实测制冷量/实际消耗总功率。

性能系数的物理意义就是每消耗 1 W 电能产生的冷量数,所以制冷系数高的空调器,产生同等冷量就比较省电。如制冷量为 3 000 W 的空调器,当 EER=2 时,其耗电功率为 1 500 W;当 EER=3 时,其耗电功率为 1 000 W,所以能效比(制冷系数)是空调器的一个重要性能指标,反映了空调器的经济性能。

倘若铭牌上没有性能系数这项数据,可自行计算为:性能系数=铭牌制冷量/铭牌输入功率。但是这样计算出来的性能系数比实际运行的性能系数要大,因为实际的制冷量比名义制冷量要小 8%。国内外实测的性能系数一般也只有铭牌值的 92%左右。

(4)空调器的噪声指标

空调器的噪声一般要求低于 60 dB,这样噪声的干扰较小。不同空调器的噪声指标不同。有时由于安装空调器的支承轴不牢固，整机振动大，发出较大噪声，这时必须对其进行调整。

**3. 空调器的结构和工作原理**

(1)空调器的结构

空调器的结构一般由制冷系统、风路系统、电气系统及箱体与面板四部分组成。

制冷系统是空调器制冷降温部分，是由制冷压缩机、冷凝器、毛细管、蒸发器、电磁换向阀、过滤器和制冷剂等组成的一个密封的制冷循环系统。

风路系统是空调器内促使房间空气加快热交换的部分，由离心风机、轴流风机等设备组成。

电气系统是空调器内促使压缩机、风机安全运行和温度控制的部分，由电动机、温控器、继电器、电容器和加热器等组成。

箱体与面板是空调器的框架、各组成部件的支承座和气流的导向部分，由箱体、面板和百叶栅等组成。

(2)空调器的制冷(热)原理

空调器的制冷(热)原理是在管路系统中完成的。液体由液态变为气态时会大量吸收热量，使周围的温度下降，简称液体气化吸热。空调器、电冰箱等制冷设备就是利用液体气化吸热来制冷的。在这些制冷设备中，采用氟利昂制冷剂气化大量吸收热量，通俗地讲空调器就是把室内的热量移到室外，热量不可能由低温物体向高温物体转移，例如，夏天室内的温度比室外高，要想把室内的热量移到室外，必须借助强制的方式。压缩机就是一种强制进行热量传递的部件。

物质从液体到气体的变化不仅与温度有关，而且与压力有关，温度越高或压力越低，液体就容易气化，吸收热量；反之，温度越低或压力越高，气体就容易液化成液体，放出热量。

制冷过程就是使在温度和压力不断变化的过程，制冷系统循环原理如图 5.2.7 所示。

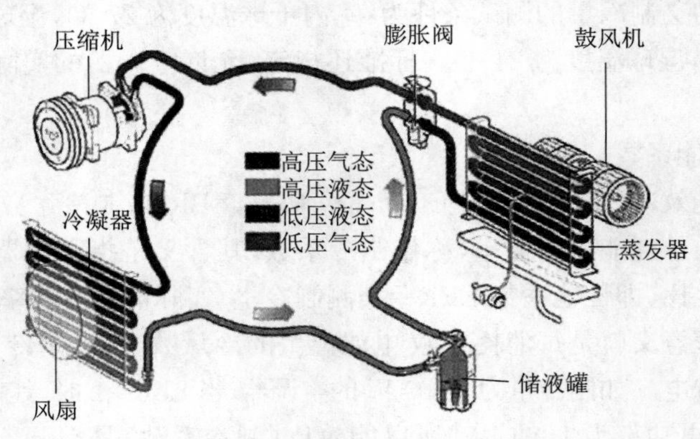


图 5.2.7　制冷系统循环原理

制冷系统是一个完整的密封循环系统，组成这个系统的主要部件包括压缩机、冷凝器、节流装置(膨胀阀或毛细管)和蒸发器等，各个部件之间用管道连接起来，形成一个封闭的循环系统，在系统中加入一定量的氟利昂制冷剂来实现制冷降温。

空调器制冷降温是利用制冷系统、风机和控制器来实现的。

制冷的方法很多，制冷机的种类也很多，根据制冷的基本工作原理可分为气体制冷、蒸气制冷（如压缩式制冷、吸收式制冷和蒸气喷射式制冷）和温差电制冷（如半导体制冷）。机房专用空调通常采用的是蒸气制冷，即利用液态制冷剂气化时吸热、蒸气凝结时放热的原理进行制冷。

制冷的基本原理按照制冷循环系统的组成部件及其作用，分别由四个过程来实现。

①压缩过程：从压缩机开始，制冷剂气体在低温、低压状态下进入压缩机，在压缩机中被压缩，提高气体的压力和温度后，排入冷凝器中。

②冷凝过程：从压缩机中排出来的高温、高压气体，进入冷凝器中，将热量传递给外界空气或冷却水后，凝结成液体制冷剂，流向节流装置。

③节流过程：又称膨胀过程，冷凝器中流出来的制冷剂液体在高压下流向节流装置，进行节流减压。

④蒸发过程：从节流装置流出来的低压制冷剂液体流向蒸发器中，吸收外界（空气或水）的热量而蒸发成为气体，从而使外界（空气或水）的温度降低。蒸发后的低温、低压气体又被压缩机吸回，进行再压缩、冷凝、节流、蒸发，依次不断地循环和制冷。

单冷型空调器结构简单，如图 5.2.8 所示，主要由压缩机、冷凝器、干燥过滤器、毛细管及蒸发器等组成。蒸发器在室内侧吸收热量，冷凝器在室外将热量散发出去。

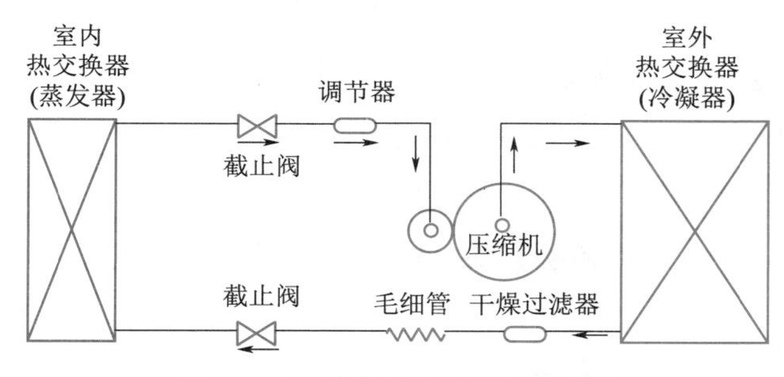


图 5.2.8 单冷型空调器制冷系统

冷热型空调器分为电热型、热泵型和热泵辅助电热型三种。

①电热型空调器在室内蒸发器与离心风扇之间安装有电热器。夏季使用时，可将冷热转换开关置于冷风位置，其工作状态与单冷型空调器相同。冬季使用时，可将冷热转换开关置于热风位置，此时，只有电风扇和电热器工作，压缩机不工作。

②热泵型空调器的室内制冷或制热，是通过电磁四通换向阀改变制冷剂的流向来实现的，如图 5.2.9 所示。在压缩机与冷凝器和蒸发器之间增设了电磁四通换向阀，夏季制冷时，室内热交换器为蒸发器，室外热交换器为冷凝器。冬季制热时，通过电磁四通换向阀换向，室内热交换器为冷凝器，而室外热交换器转为蒸发器，使室内得到热风。

③热泵辅助电热型空调器是在热泵型空调器的基础上增设了电加热器，从而扩展了空调器的工作环境温度，它是电热型与热泵型相结合的产品。

**4. 机房空调的特点**

通信机房与一般空调房间相比，不仅在温度、湿度、空气洁净度及控制的精度等要求上有所不同，而且设备本身的区别也是非常明显的，我们把这种用于通信机房的空调器称为机房专用空调。

相比一般家用空调，机房专用空调具有以下特点：

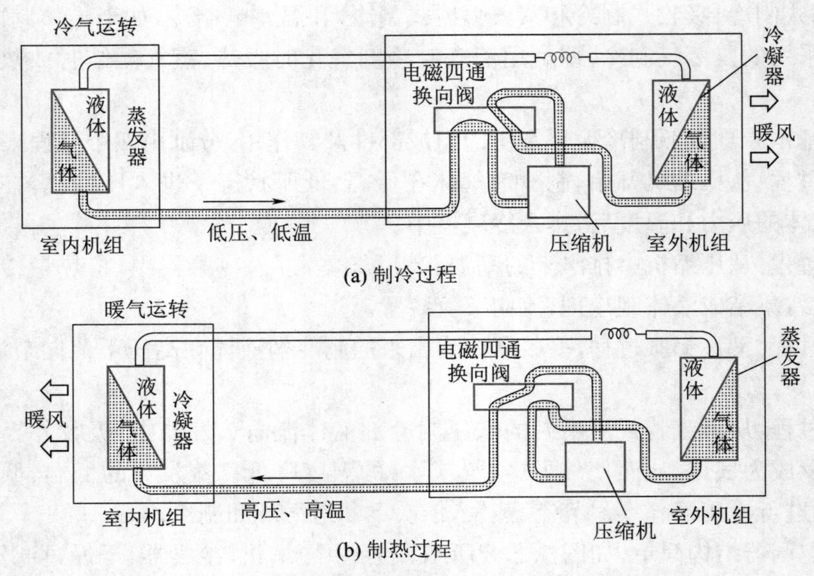


(a) 制冷过程

(b) 制热过程

图 5.2.9　热泵型空调器制冷和制热运行示意图

(1)热量大、散湿量小。

(2)送风量大、焓差小、换气次数多。

(3)多采用下送风方式。

(4)全天候运行。

## 【技能实训】监控系统常见故障分析与处理

**1. 实训目的及任务**

通过对监控系统常见故障类别及原因的分析，总结故障及告警处理的步骤，初步掌握监控系统的使用与维护技能。

**2. 实训设备**

监控系统设备 1 套。

**3. 实训内容**

(1)故障的表现类别

对于监控系统，其故障的表现形式是多种多样的，归纳起来主要有以下几类：

①硬件故障

硬件故障是由于组成系统的元器件和设备等硬件损坏、失效而引起的故障，常见的有：

a. 元器件失效，包括元器件电特性超出正常范围、短路、开路及机械损坏等。

b. 电路故障，如线路短路、开路、高阻抗等。

c. 电源故障，如电源模块无输出、输出噪声过大等。

d. 设备故障。该故障可能是由于以上三种故障所导致的，但其在系统中作为一个不可分割的单元，具体的故障原因可以不予分析，而只分析设备的输入、输出特性即可。如网卡故障、集线器网口故障等。

e. 连接故障，如插头松动等。

②软件故障

软件故障是指软件设计过程中因疏忽、理解偏差或考虑不周全而造成的与实际目标不一致的故障。软件故障一般表现为程序显示错误、运行结果错误、命令执行错误、程序无响应等。

③系统故障

系统故障属于系统级的错误，通常是指系统间或组成系统的各部分（软、硬件模块）之间相互配合、协调工作时发生的错误，以及由于系统与工作环境之间的配合不良而引发的错误，但这些模块或系统本身可能并不存在错误。笼统地讲，系统故障表现在系统的输入、输出与预先的设计或说明不一致，通常以软件故障的形式具体表现出来。系统故障包括软、硬件不匹配，多系统间协议不匹配，通信线路干扰等。

（2）故障产生的原因

对于监控系统来说，其故障产生的原因包括内部和外部两个方面。

①内部原因

内部原因是指系统本身存在的不可靠因素，主要包括以下几个方面：

a. 元器件及设备本身的性能和可靠性。元器件、设备性能、可靠性的好坏最终将影响整个系统的性能和可靠性。

b. 系统结构设计，包括软件设计和硬件设计两个方面。结构设计的不合理将会导致系统故障，如容易受到外界干扰或内部相互干扰，容易扩大误差而导致错误，容易因局部微小故障而引发系统全局故障等。

c. 安装与调试，包括硬件的安装调试和软件的安装调试两个方面。系统元器件和设备的可靠性再好，结构设计再合理，如果安装工艺粗糙，调试不严格，仍然会给系统带来许多故障隐患。

②外部原因

故障产生的外部原因是指由于系统所处的外部环境条件而给系统带来的不可靠因素，主要包括以下几个方面：

a. 外部电气条件，包括电源电压的稳定性、其他设备的电磁干扰、浪涌电流的侵入、雷击等。

b. 外部环境条件，包括环境温度、湿度、空气洁净度等。

c. 外部机械条件，包括外力冲击、振动等。

d. 人为误操作，由于操作人员有意或无意对系统的误操作而引发的系统故障。

e. 异常外力破坏，包括各种不可预测的外界因素的破坏，如火灾、水浸引起的短路，鼠患等。

（3）监控系统常见故障的处理

对于硬件故障的修复，最常用的措施是更换器件；如果是接触不良、接头松动、线缆脱落等故障，应采取有效的紧固措施；如果是由于线路上器件受到干扰，则应考虑采取重新布线、改变路由、良好接地、屏蔽隔离等措施加以解决。

对于软件故障的修复，最常用的措施是重新登录或重新启动；对配置有错误的应及时更正；如果系统遭到破坏，则要通过备份数据的恢复或系统的重新安装来修复；如果是软件设计错误，则只有通知厂家进行修复；而对于传输线路上的故障，则需要相关专业配合予以解决。

(4)告警排除及步骤

电源监控系统的故障,包括电源系统故障和监控系统故障,监控途径如下。

①通过监控告警信息发现,比如市电停电告警。

②通过分析监控数据(包括实时数据和历史数据)发现,如直流电压抖动但没有发生告警。

③观察监控(电源)系统运行情况异常发现,比如监控系统误告警等。

④进行设备例行维护时发现,比如熔断器过热等。

因为大多数故障是通过监控系统告警信息发现的,因此,及时、准确分析和处理各类告警就成为一项非常重要的工作职责了。告警信息按其重要性和紧急程度可划分为一般告警、重要告警和紧急告警。

一般告警是指告警原因明确,告警的产生在特定时间不足以影响该区域或设备的正常运行,或对告警产生的影响已经得到有效掌控、无须立即进行抢修的简单告警。

重要告警是指引起告警的原因较多,告警的产生在特定时间可能会影响该区域或设备的正常运行,故障影响面较大,不立即进行处理肯定会造成故障蔓延或扩大的重要端局的环境或设备的告警。

紧急告警是指告警的产生在特定时间可能或已经使该区域或设备运行的安全性、可靠性受到严重威胁,故障产生的后果严重,不立即修复可能会造成重大通信事故、安全事故的机房安全告警或电源空调系统告警。

当值班人员发现告警后,应立即进行确认,并根据告警等级和告警内容进行分析、判断并进行相应处理,派发"故障派修单"。维护人员根据派修单上所提供的信息进行故障处理,故障修复后,维护人员应及时将故障原因、处理过程、处理结果及修复时间填入"故障派修单",返回监控中心,监控中心进行确认后再销障、存档。故障派修单见表 5.2.4。监控系统常见故障处理流程如图 5.2.10 所示。

表 5.2.4　故障派修单

监控中心:　　　　流水号:

<table>
<tr><td colspan="2">派 单 人</td><td></td><td>工　号</td><td></td><td>派单时间</td><td></td></tr>
<tr><td rowspan="4">故障<br>情况</td><td>告警区域</td><td></td><td>故 障 点</td><td colspan="3"></td></tr>
<tr><td>告警等级</td><td></td><td>告警类别</td><td></td><td>告警时间</td><td></td></tr>
<tr><td>告警门限</td><td></td><td>告 警 值</td><td></td><td>告警恢复时间</td><td></td></tr>
<tr><td>告警描述</td><td colspan="5"></td></tr>
<tr><td colspan="2">派修部门</td><td colspan="2">技术维护中心</td><td colspan="2">派修人员</td><td></td></tr>
<tr><td colspan="2">处理结果</td><td colspan="2"></td><td colspan="2">修复时间</td><td></td></tr>
<tr><td colspan="2">故障处理过程及原因分析</td><td colspan="5"></td></tr>
</table>

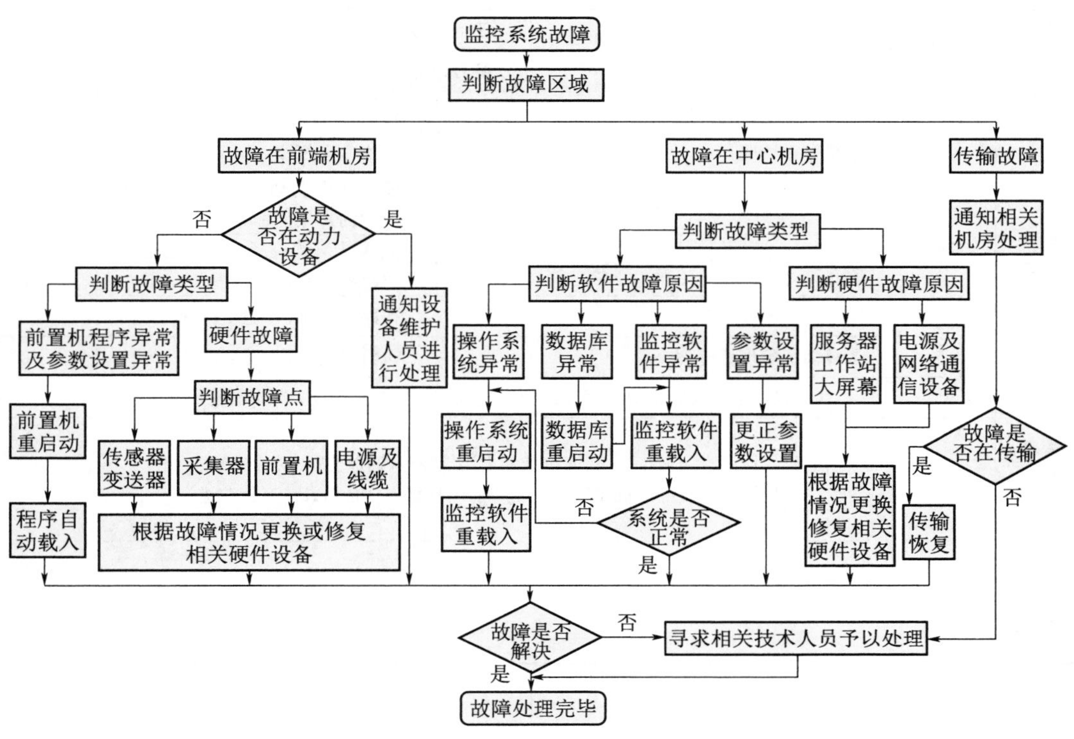


图5.2.10　监控系统常见故障处理流程

## 【任务评价】

| 项目名称 | | | 任务名称 | |
|---|---|---|---|---|
| 小组成员 | | | 综合评分 | |
| 学生自评 | 理论任务完成情况 | | | |
| | 序号 | 知识考核点 | 自评意见 | 自评结果 |
| | 1 | 动力环境集中监控的概念及监控系统网络结构 | | |
| | 2 | 动力环境集中监控系统的数据采集方式及监控内容 | | |
| | 3 | 常见传感器的作用 | | |
| | 4 | 空调的作用、性能指标及工作原理 | | |
| | 5 | 动力环境集中监控系统常见故障分类及处理步骤 | | |
| | 实训任务完成情况 | | | |
| | 项目 | 内　容 | 评价标准 | 自评结果 |
| | 实训准备 | 设备及备品 | 机具材料选择正确 | |
| | | 人员组织 | 人员到位，分工明确 | |
| | 实训方法 | 训练方法及步骤 | 训练方法及步骤正确 | |
| | | 操作过程 | 操作熟练 | |

续上表

<table>
<tr><td colspan="2">项目名称</td><td></td><td>任务名称</td><td></td></tr>
<tr><td colspan="2">小组成员</td><td></td><td>综合评分</td><td></td></tr>
<tr><td rowspan="7">学生自评</td><td rowspan="2">实训态度</td><td>参加实训操作积极性</td><td>积极参加实训操作</td><td></td></tr>
<tr><td>纪律遵守情况</td><td>严格遵守纪律</td><td></td></tr>
<tr><td rowspan="2">质量考核</td><td>通信机房常见的传感器认知</td><td>能正确识别动力环境集中监控系统中的常见传感器</td><td></td></tr>
<tr><td>动力环境集中监控系统故障分析处理</td><td>能通过识读设备监控参数进行简单故障的判别及处理</td><td></td></tr>
<tr><td rowspan="2">安全考核</td><td>安全操作</td><td>按照安全操作流程进行操作</td><td></td></tr>
<tr><td>考核训练后现场整理</td><td>机具材料复位，现场整洁</td><td></td></tr>
<tr><td colspan="4">（根据个人实际情况选择：A. 能够完成；B. 基本能完成；C. 不能完成）</td></tr>
<tr><td>学习小组评价</td><td colspan="4">团队合作□ 学习效率□ 获取信息能力□ 交流沟通能力□ 动手操作能力□<br>（根据完成任务情况填写：A. 优秀；B. 良好；C. 合格；D. 有待改进）</td></tr>
<tr><td>老师评价</td><td colspan="4"></td></tr>
</table>

## 项目小结

本项目包含通信电源系统搭建、动力环境集中监控系统认知等内容。通过本项目的学习可使读者了解通信电源系统及动力环境集中监控系统的组成，认知防雷和接地的原理及作用，掌握高频开关电源、蓄电池组、UPS、常见传感器和空调等基站配套设备，熟悉基站供电系统搭建操作，判别常见监控系统故障，提升基站维护及故障处理的能力。

## 思考与练习

1. 简述通信设备对通信电源供电系统的要求。
2. 通信行业的设备一般使用的直流供电电压是多少？
3. 组合式高频开关电源设备中主要由哪几部分组成？
4. 接地系统由哪几部分组成？
5. 简述空调的制冷循环过程。

# 参考文献


[1] 张雷霆.通信电源[M].3版.北京:人民邮电出版社,2014.
[2] 章永东,陈佳莹,林磊.新基建:5G站点设计建设技术[M].北京:中国铁道出版社有限公司,2021.
[3] 魏红.移动基站设备与维护[M].3版.北京:人民邮电出版社,2018.
[4] 朱永平.通信电源设备与维护[M].北京:人民邮电出版社,2013.
[5] 卢敦陆,高健.移动通信基站工程与测试[M].北京:机械工业出版社,2014.
[6] 王永学,张宇.5G移动网络运维[M].北京:高等教育出版社,2020.